张英伯 主编

美妙数学花园

Meimiao Shuxue Huayuan

射影几何入门

李建华 著

科学出版社

北京

内 容 简 介

本书以圆锥曲线的直观认识为起点，阐释了仿射变换、射影变换等射影几何的基础理论知识，论述上尽量做到既朴实直观又系统严谨，并注意数学思想和方法的渗透，是一本射影几何学的入门读物.

本书读者对象为中学生，也可以供数学教师、师范院校数学专业的大学生和数学爱好者阅读参考.

图书在版编目（CIP）数据

射影几何入门/李建华著. —北京：科学出版社，2011
(美妙数学花园)

ISBN 978-7-03-031751-3

Ⅰ. ①射… Ⅱ. ①李… Ⅲ. ①射影几何–普及读物 Ⅳ. ①O185.1–49

中国版本图书馆 CIP 数据核字(2011) 第 118875 号

责任编辑：陈玉琢／责任校对：陈玉凤
责任印制：吴兆东／封面设计：王　浩

科学出版社出版
北京东黄城根北街 16 号
邮政编码：100717
http://www.sciencep.com

北京市金木堂数码科技有限公司印刷
科学出版社发行　各地新华书店经销
*
2011 年 6 月第　一　版　开本：720×1000　1/16
2025 年 9 月第十一次印刷　印张：8 1/4
字数：62 000

定价：58.00 元

(如有印装质量问题，我社负责调换)

《美妙数学花园》丛书序

今天,人类社会已经从渔猎时代、农耕时代、工业时代,发展到信息时代.科学技术的巨大成就,为人类带来了丰富的物质财富和越来越美好的生活. 而信息时代高度发达的科学技术的基础,本质上是数学科学.

自从人类建立了现行的学校教育体制,语文和数学就是中小学两门最主要的课程.如果说文学因为民族的差异,在各个国家之间有很大的不同,那么数学在世界上所有的国家都是一致的,仅有教学深浅、课本编排的不同.

我国在清末民初时期西学东渐,逐步从私塾教育过渡到现代的学校教育,一直十分重视数学.从清朝与近代科技隔绝的情况下起步,迅速学习了西方的民主与科学.在20世纪前半叶短短的几十年间,在我们自己的小学、中学、大学毕业,然后留学欧美的学生当中,不仅产生了一批社会科学方面的大师,而且产生了数学、物理学等自然科学领域对学科发展做出了重大贡献的享誉世界的科学家. 他们的成就表明, 有着五千年灿烂文化的中华民族是有能力在科学技术领域达到世界先进水平的.

在 20 世纪五六十年代, 为了选拔和培养拔尖的数学人才, 华罗庚与当时中国的许多知名数学家一道, 学习苏联的经验, 提倡和组织了数学竞赛. 数学家们为中学生举办了专题讲座, 并且在讲座的基础上出版了一套面向中学生的"数学小丛书". 当年爱好数学的中学生十分喜爱这套丛书. 在经历过那个时代的中国科学院院士和全国高等院校的数学教授当中, 几乎所有的人都读过这套丛书.

诚然, 我国目前的数学竞赛和数学教育由于体制的问题备遭诟病. 但是我们相信, 成长在信息时代的今天的中学生, 会有更多的孩子热爱数学; 置身于社会转型时期的中学里, 会有更多的数学教师渴望培养出优秀的科技人才.

数学家能够为中学生和中学教师做些什么呢? 数学本身是美好的, 就像一个美丽的花园. 这个花园很大,我们并不能走遍她, 完全地了解她. 但是我们仍然愿意将自己心目中美好的数学, 将我们对数学的点滴领悟, 写给喜爱数学的中学生和数学老师们.

张英伯

2011 年 5 月

前言

射影几何学的肇始可以追溯到古希腊时代, 公元前 3 世纪, 古希腊学者阿波罗尼斯 (Apollonius) 在他的著作《圆锥曲线》(*Conics*) 中, 系统研究了圆锥曲线, 但这部著作并没有流传下来. 15~16 世纪的文艺复兴时期, 在绘画、雕塑和建筑学中, 人们开始在实际应用中遇到一些射影问题, 在这些实际需要的刺激下, 透视法原理等应用性的理论应运而生, 投影和截影问题被广泛研究. 然而, 系统的理论体系的建立却经历了 200 多年的时间, 从 17 世纪的法国数学家德萨格 (G. Desargues)、帕斯卡 (B. Pascal), 到 18 世纪的彭赛列 (J. V. Poncelet)、19 世纪的冯 · 施陶特 (von Staudt), 数学家们经过持续的探索, 建立起射影几何完美的理论体系.

射影几何一方面与欧氏几何、解析几何有着密切的联系, 其研究方法以几何变换为核心, 研究几何变换的不变性, 对近代几何学的发展起到了很重要的作用. 正是基于对射影几何的研究, 1872 年, 德国数学家克莱因

(F. Klein) 提出了著名的爱尔兰根纲领, 即将几何学定义为在某一类几何变换群下不变性质的命题系统. 他的观点在随后的半个世纪的几何学研究中影响深远.

本书的目的是希望从几何的角度, 以联系的观点, 直观地切入射影几何的核心概念：仿射变换与射影变换. 同时, 以美妙的圆锥曲线作为线索, 从易到难, 从仿射变换到射影变换, 从几何方法到代数形式, 逐步展开.

假设读者已经比较好地掌握了中学解析几何的主要内容, 简单线性方程组和行列式的基本知识作为附录列在最后. 为减少读者阅读的畏惧心理, 只是在某些地方设置了 "思考" 或 "练习" 问题, 而射影几何学的主要定理几乎都涵盖在各章节的定理或例题中.

本书的写作素材主要来自于著者在北京四中开设的选修课程 "直观几何" 的讲义, 以及在北京师范大学数学科学学院课程论方向研究生选修课程 "高观点下的中学数学" 中几何部分的内容, 前后各开设过 2 次. 在写作过程中, 对一些不合理的设计顺序进行了调整. 我想特别提到参加选修课学习的北京四中的高希和董艳同学, 以及北京师范大学数学科学学院的黄雪莹同学, 她们认真而详细的笔记对著者写作很有帮助. 教学和写作过程中主要还参考了冯克勤先生的《射影几何趣谈》(上海教育出版社, 1987) 和梅向明等先生的《高等几何 (第三版)》(高等教育出版社, 2008).

特别感谢张英伯教授的关心和鼓励, 感谢科学出版社陈玉琢老师的耐心和帮助.

李建华

2011 年 5 月于北京师范大学

目　录

引 言

回顾在中学学习过的几何，三角形、四边形，乃至多边形、直线与圆都是我们所熟知的. 初中几何课上，老师带领同学们用综合几何的方法，证明了很多有趣的定理，比如，勾股定理，正、余弦定理，三角形重心定理，圆幂定理等. 在高中的解析几何课上，又掌握了用代数形式研究几何问题的方法——坐标法，同学们不仅学习了直线方程、圆方程，学会用方程来研究直线与圆的性质，还学习了椭圆、双曲线、抛物线等非常优美的圆锥曲线. 这些圆锥曲线有很迷人的性质，但同学们被这些性质所吸引的同时，也一定会有很多困惑，比如，为什么椭圆和双曲线可以有2个定义，而抛物线只有1个定义？为什么经常会发现三类圆锥曲线具有共同的性质，比如，它们的极坐标方程就具有统

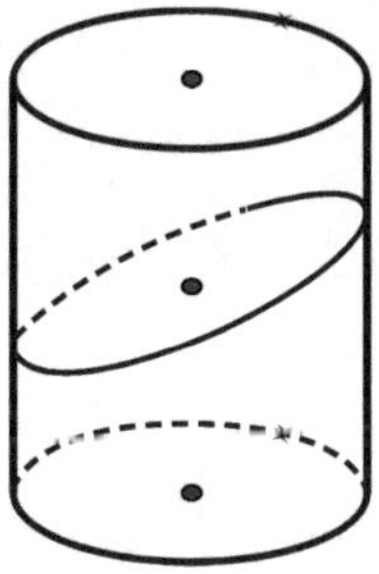

图 0.1

一的形式等等. 要弄清楚这些问题, 需要从熟悉的几何对象开始, 找到其中的**联系**, 从而一步步揭开它们的神秘面纱. 为此, 让我们从下面熟悉的图形 (图 0.1) 起步, 开始我们的探索之旅.

第 1 章 ……………………

仿射变换

1.1 透视仿射对应与仿射变换

设图 0.1 所示的几何体是一个底面半径为 r 的圆柱, 与圆柱底面成 30° 二面角的平面与该圆柱相交, 截口曲线是一个什么图形? 同学们一定很快就会回答: "椭圆!" 且慢, 我们知道, 按照中学数学教科书当中椭圆的定义, 椭圆是同一平面内到两定点 (焦点) 距离之和等于一个定值的所有点的集合 (当然, 通常要求这个定值大于两定点的距离), 那你能证明, 这个截口曲线恰是符合教科书定义的椭圆吗? 如果是, 两个焦点在哪里?

现在借助直观做以下事情 (图 1.1):

想象在圆柱的两侧放入两个半径为 r 的球, 称为丹德林球 (Dandelin spheres), 使这两个球尽可能向截面靠近, 不难理解, 这两个球将分别与截面相切于一点, 不妨设为 F_1, F_2, 这两个球也分别与圆柱侧面相切, 切点恰好形成两个圆, 这两个圆所在平面与圆柱底面平行, 如图 1.1 所示, 不妨设为圆柱的两个底面上的 $\odot Q$, $\odot O$.

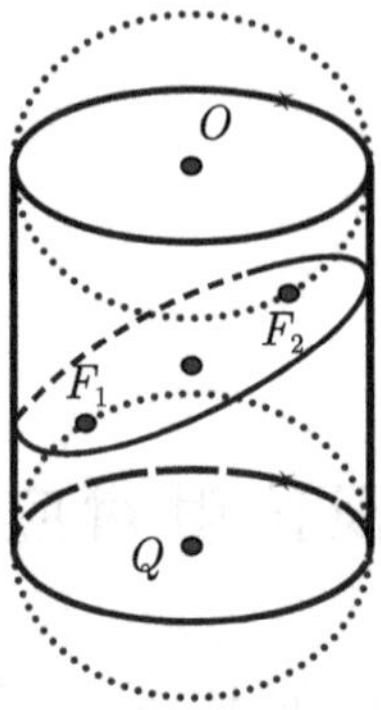

图 1.1

下面证明: F_1, F_2 正是我们要寻找的两个焦点, 从而证得截口曲线为椭圆.

设点 M 是截口曲线上任意一点, 过点 M 的母线 AB 交 $\odot Q$, $\odot O$ 于 A, B(图 1.2).

由于点 A 和点 F_1 是以 Q 为球心的丹德林球的切点, 从而, $MA = MF_1$.

同理, 点 B 和点 F_2 是以 O 为球心的丹德林球的切点, $MB = MF_2$.

于是, $MF_1 + MF_2 = MA + MB = AB$.

但线段 AB 的长恰为 $\odot Q$, $\odot O$ 所在两个平行平面的距离 (定值), 这就证明了截口曲线上任意一点到 F_1, F_2

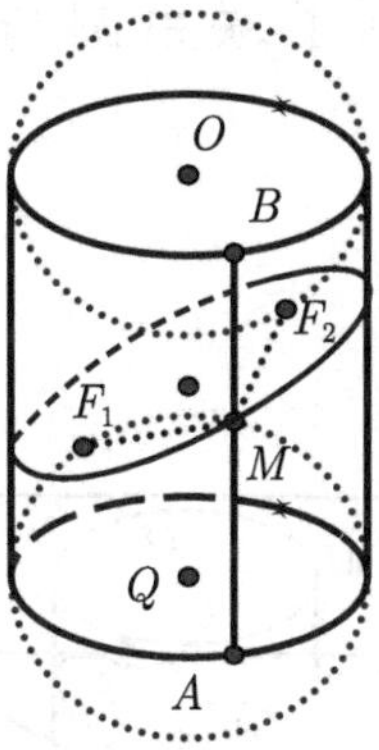

图 1.2

的距离之和为定值. 而又不难利用截口曲线是一个闭合曲线 (直观) 的性质, 证明截口曲线所在平面上满足到 F_1, F_2 的距离之和为定值的点均在截线上, 故截口曲线为椭圆.

思考 通过以上讨论, 我们证明了截口曲线是椭圆, 焦点恰是两个丹德林球与截面的切点, 而截口曲线上任意一点到这两个焦点的距离之和 (定值), 等于两个丹德林球与圆柱面相切所形成的两个圆所在平行平面的距离. 进一步, 可以思考这个椭圆的准线在哪里? 如何确定离心率?

好了, 稍事休整, 回到本章开始提出的问题: 以上结果对于研究椭圆有帮助吗?

实际上, 我们找到了联系圆与椭圆的一个方法 (图 1.3):

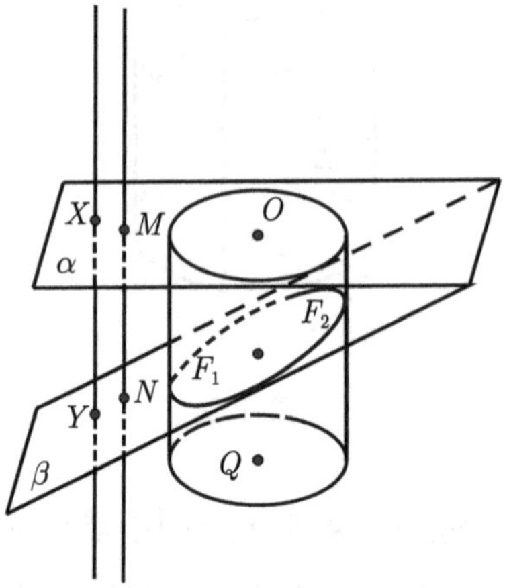

图 1.3

设 $\odot O$ 所在平面为 α, 截线所在平面为 β. 令点 M 是平面 α 上的任意一点, 过 M 作圆柱母线的平行线 MN, 可设直线 MN 与平面 β 相交于点 N, 这样, 我们建立了平面 α 到平面 β 的一个 1-1 映射, 这个映射把平面 α 上的 $\odot O$ 映射为平面 β 上的椭圆 (即截线), 反之也对!

不难理解, 任何一个椭圆都可以用这种方式映射为一个圆. 圆的性质是熟知的, 是否可以通过对这样的 1-1 映射的研究, 将椭圆和圆联系起来, 进而, 将椭圆的问题转化为圆的问题来研究呢?

定义 1.1 设 α, β 是两个平面, $\boldsymbol{v}$ 是一个向量, 过平面 α 内的任意一点 M 作与向量 $\boldsymbol{v}$ 平行的直线 MN 交平面 β 于 N(图 1.4), 这样就建立了从平面 α 到平面 β 的一个 1-1 映射, 称为从平面 α 到平面 β 的**透视仿射对应**.

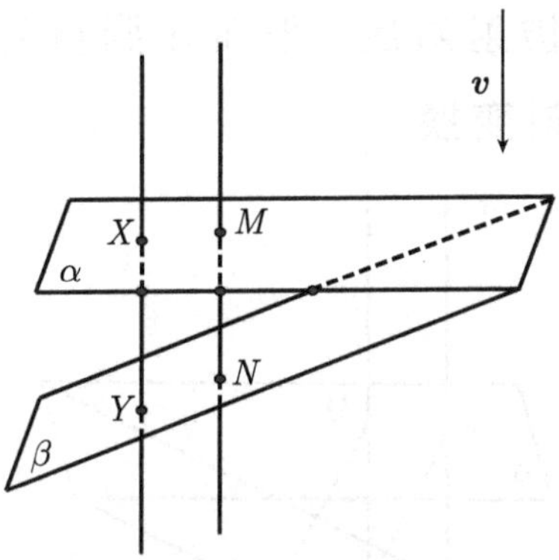

图 1.4

显然, 从平面 α 到平面 β 的透视仿射对应可以通过两平面的交线与分别在两个平面上的点确定 (图 1.5).

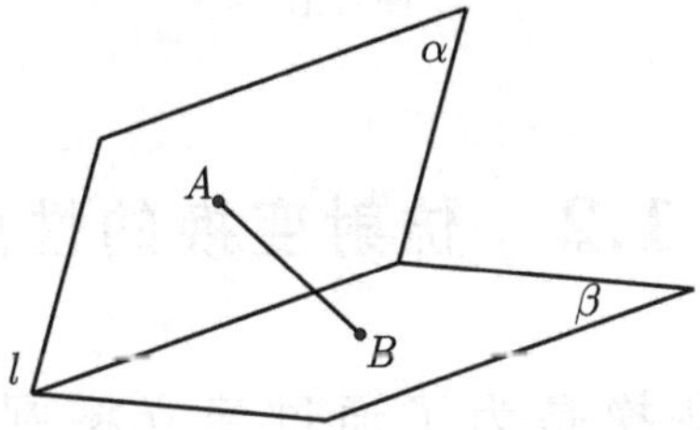

图 1.5

定义 1.2 设 f: $X \to Y$ 是从平面 α 到平面 β 的透

视仿射对应, g: $Y \to Z$ 是从平面 β 到平面 γ 的透视仿射对应, 则容易知道, fg: $X \to Z(X \to Y \to Z)$ 是从平面 α 到平面 γ 的 1-1 对应 (图 1.6), 称为从平面 α 到平面 γ 的**仿射对应**. 一般地, 一连串 (有限个) 透视仿射对应按照上述方式构成**仿射对应**. 平面 α 到自身的仿射对应称为平面 α 的**仿射变换**.

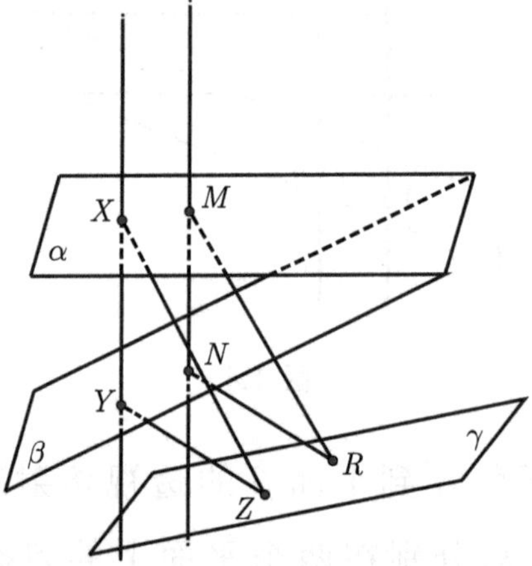

图 1.6

1.2 仿射变换的性质

研究仿射变换是为了通过建立椭圆与圆的联系来研究椭圆 (至少目前是这样), 这就需要研究清楚仿射变换有哪些性质, 即仿射变换会改变哪些图形的性质? 不改变哪些？特别是弄清楚不改变哪些 (称为**仿射不变量**), 就能够通过仿射变换将较复杂的问题转化为简单一些的问题, 从而达到解决问题的目的.

设 f: $X \to Y$ 是从平面 α 到平面 β 的透视仿射对应. 注意到透视仿射对应显然将点变为点, 将直线变为直线, 因此, 平面 α 的仿射变换也是这样, 即仿射变换保持**同素性**.

如果 l 是平面 α 上的一条直线, 点 A 在 l 上, 则点 A 的像点 $f(A)$ 也在 l 的像直线 $f(l)$ 上, 即透视仿射对应保持**结合性**, 从而仿射变换也有这样的性质.

如果 l_1, l_2 是平面 α 上的两条平行直线, 则容易证明, $f(l_1), f(l_2)$ 是平面 β 上的两条平行直线, 反之也对. 即透视仿射对应保持**平行性**, 仿射变换也是这样.

除了上述简单直观的性质, 仿射变换还有以下重要性质：

定义 1.3 设 AB 是以 A 为起点、B 为终点的有向线段, 有向直线 l 平行于 AB 所在直线, 则定义**有向线段 AB 的数量**为绝对值等于 $|AB|$ 的实数, 其符号由有向直线的方向和有向线段 AB 的方向决定：当两个方向一致时, 取正号, 否则取负号. 用 AB 表示有向线段 AB 的

数量.

设 A, B, C 是直线 l 上三点, 称 $\dfrac{AC}{BC}$ 为 A, B, C 的**单比**, 表示为 (ABC), 显然, 单比与有向直线的选择无关.

直线 l 上三点 A, B, C 的单比与点的顺序有关系, 三个点有 6 种可能的顺序, 即 (ABC), (ACB), (BAC),(BCA), (CAB), (CBA), 这 6 个单比有如下关系:

$$(ABC) = \frac{AC}{BC}, \quad (ACB) = \frac{AB}{CB} = -\frac{AB}{BC} = \frac{BA}{BC},$$

于是,

$$(ABC) + (ACB) = \frac{AC}{BC} + \frac{BA}{BC} = \frac{BA + AC}{BC} = \frac{BC}{BC} = 1,$$

即 $(ABC) = 1 - (ACB)$.

同理,

$$(BAC) = 1 - (BCA), \quad (CAB) = 1 - (CBA).$$

又由 $(ABC) = \dfrac{AC}{BC}, (BAC) = \dfrac{BC}{AC}$ 知, $(ABC) = \dfrac{1}{(BAC)}$. 同理, $(BCA) = \dfrac{1}{(CBA)}$. 于是

$$(ABC) = \frac{1}{1 - (BCA)}, \quad (BCA) = \frac{1}{1 - (CAB)}.$$

已知直线 l 上三点 A, B, C, 固定 A, B, 令 C 在直线 AB 上运动, 则单比 (ABC) 的取值如图 1.7 所示.

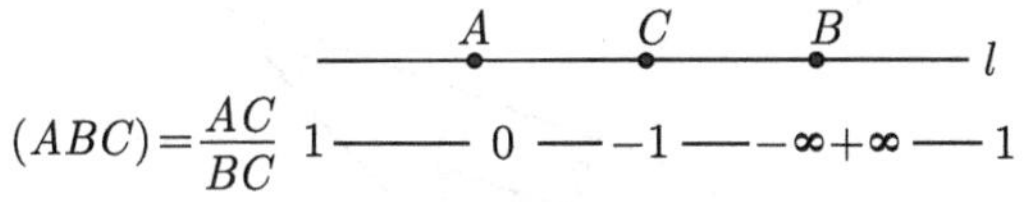

图 1.7

即当 C 为 AB 的内分点当且仅当 $(ABC) < 0$, C 为 AB 的外分点当且仅当 $(ABC) > 0$, C 为 AB 的中点当且仅当 $(ABC) = -1$, C 与 A 重合当且仅当 $(ABC) = 0$, C 与 B 重合当且仅当 (ABC) 无意义. 显然, 在实数范围内, (ABC) 的任一取值 (1 除外) 对应着直线 AB 上唯一的一点, 反过来, 除 B 点, 直线 AB 上的每一点都唯一地对应着一个实数. 于是, 如果 A, B, C, D 在同一条直线上, 且 $(ABC)=(ABD)$, 则点 C 与点 D 重合.

定理 1.1 透视仿射对应保持单比, 从而, 仿射变换保持单比 (即单比是仿射不变量).

证明 只需要证明透视仿射对应保持单比.

设平面 α 到平面 β 的透视仿射对应如图 1.8、图 1.9 所示, A, B, C 是平面 α 上任意一条直线上的三个点, 在透视仿射对应下分别对应平面 β 上的 D, E, F 三个点. 于是, 直线 AC 与两个平面的交线 l 的位置关系有平行或

相交两种情形 (图 1.8, 图 1.9), 容易证得 $(ABC)=(DEF)$. 证毕.

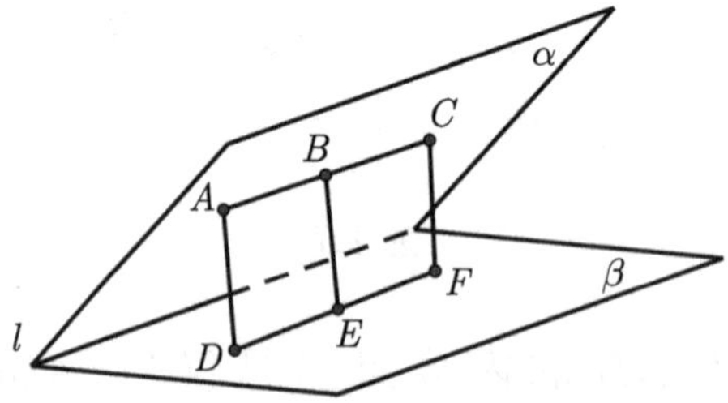

图 1.8

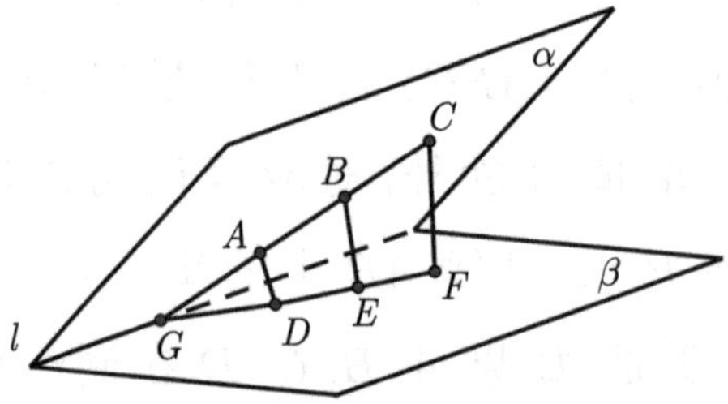

图 1.9

定理 1.2 存在唯一仿射变换将不共线三点 A, B, C 变为不共线三点 A', B', C'.

证明 首先证明存在性, 下面分三步完成.

(1) 如果 A, B, C 与 A', B', C' 都不重合, 则找一条不经过 A 与 A' 的直线 l, 由这条直线与 AA' 确定一个透视仿射对应, 将 A, B, C 变为 A', B'', C''(图 1.10).

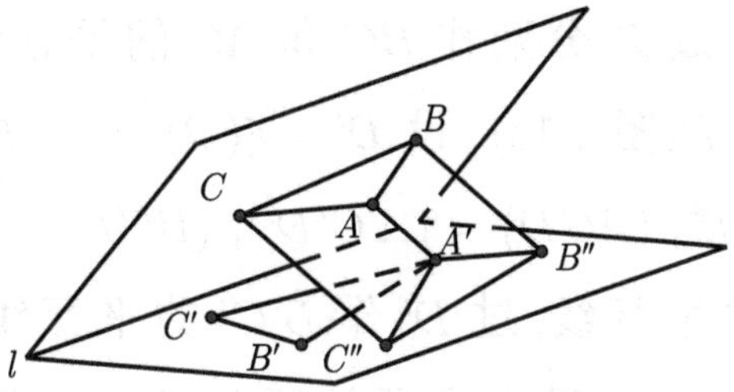

图 1.10

(2) 如果 A', B', C' 变为 A', B'', C'' 只有 A' 重合, 则找一条过 A' 的直线 l, 由直线 l 和 $B'B''$ 确定一个透视仿射对应, 将 A', B'', C'' 变为 A', B', C'''(图 1.11).

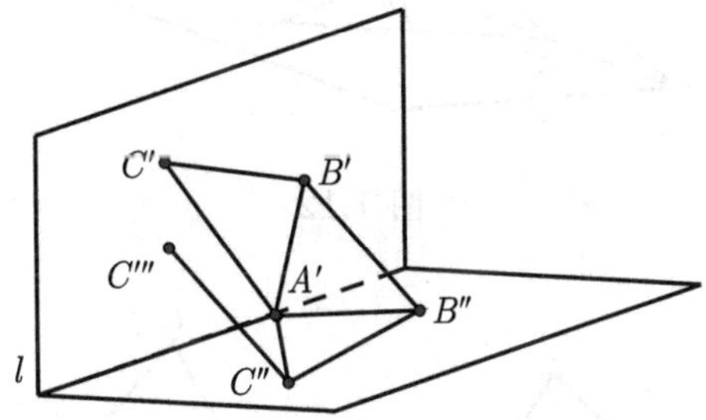

图 1.11

(3) 如果 C', C''' 重合, 则已完成证明, 否则, 直线 $A'B'$ 和 C', C''' 确定一个透视仿射对应, 将 A', B', C''' 变为 A', B', C'(图 1.12).

再证明唯一性.

设仿射变换 ξ 将 A, B, C 分别变为 A', B', C', 设 X

是任意一点, 过 X 分别作 BC 和 AC 的平行线, 交 BC 于 E, 交 AC 于 D(图 1.13). 设 $D'=\xi(D)$, $E'=\xi(E)$, 则由仿射变换的性质, $(ACD)=(A'C'D')$, $(BCE)=(B'C'E')$, 过 E' 作 $A'C'$ 的平行线, 过 D' 作 $B'C'$ 的平行线, 可以断言, 两条直线相交 (仿射变换保持平行性), 设交点为 X', 则 $X'=\xi(X)$, 这就证明了 ξ 的唯一性. 证毕.

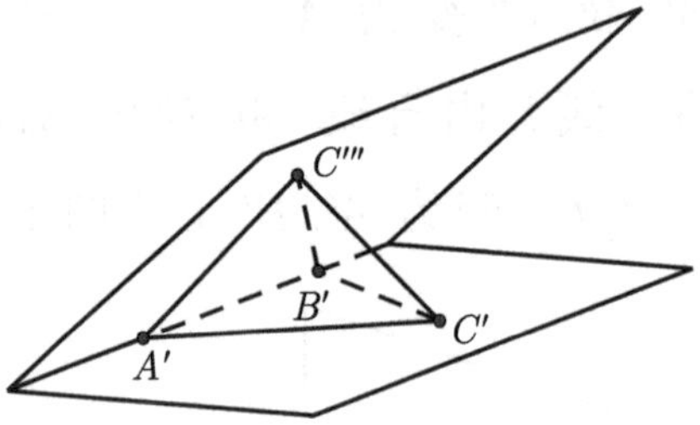

图 1.12

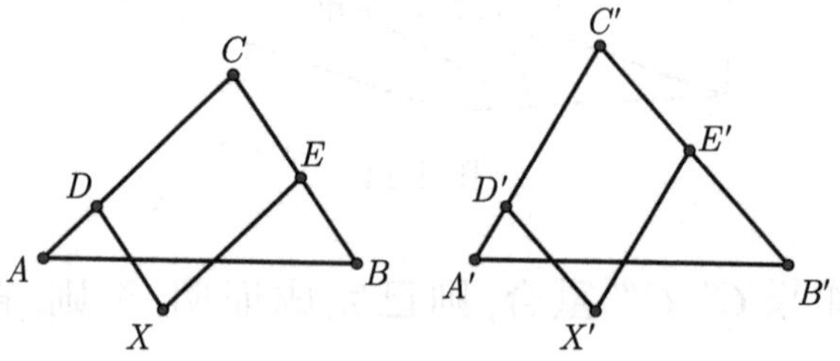

图 1.13

定理 1.3 平面 α 到自身的 1-1 映射如果满足同素性、结合性、平行性, 并保持单比, 则一定是 α 上的一个仿射变换.

证明 设 ξ 是平面 α 到自身的满足条件的一个 1-1 映射, 并将任意三点不共线的 3 个点 A,B,C 分别变为 A', B', C', 由定理 1.2, ξ 是一个仿射变换, 而且是唯一的. 证毕.

定理 1.4 在仿射变换下, 三角形对应面积之比是一个定值.

证明 只需要对透视仿射对应证明即可.

容易知道透视仿射对应的以下性质 (图 1.14): 设 ξ 是一个从平面 α_1 到平面 α_2 的透视仿射对应, 平面 α_1 交平面 α_2 于 l, $\xi(C)=C'$, $\xi(X)=X'$, 过 C 作 l 的垂线段 CM, 过 C' 作 l 的垂线段 $C'N$, 过 X 作 l 的垂线段 XD, 过 X' 作 l 的垂线段 $X'E$, 则 $\dfrac{CM}{C'N}=\dfrac{XD}{X'E}$(由 ξ 决定的定值, 记为 $c(\xi)$).

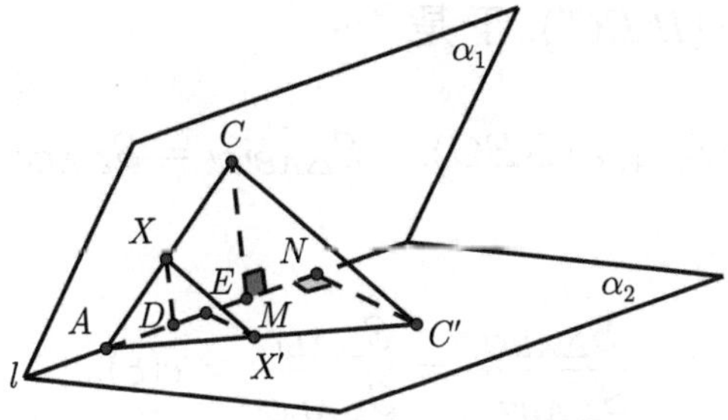

图 1.14

再分三种情形.

(1) 有两个公共点:

设 ξ 是一个从平面 α_1 到平面α_2 的透视仿射对应, ξ 将 $\triangle ABC$ 变为 $\triangle ABC'$, 由共边三角形的性质得 $\dfrac{S_{\triangle ABC}}{S_{\triangle ABC'}}=c(\xi)$(图 1.15).

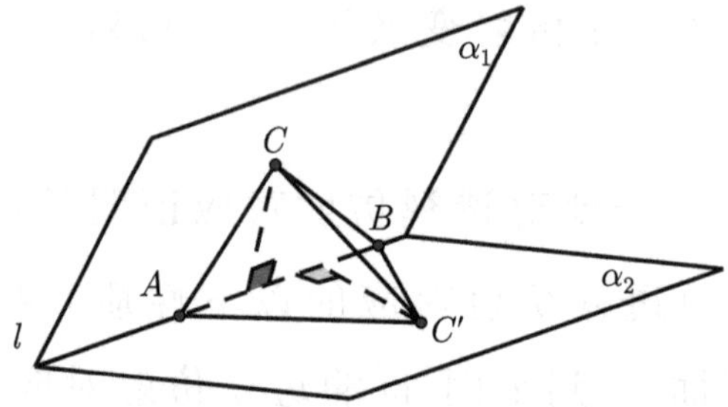

图 1.15

(2) 有一个公共点:

设 ξ 是一个从平面 α_1 到平面 α_2 的透视仿射对应, ξ 将 $\triangle ABC$ 变为 $\triangle AB'C'$(图 1.16). 由 (1) 得 $\dfrac{S_{\triangle AEC}}{S_{\triangle AEC'}}=c(\xi)$, 而 $(BEC)=(B'EC')$, 于是

$$S_{\triangle ABC}=S_{\triangle AEC}(BEC),\quad S_{\triangle AB'C'}=S_{\triangle AEC'}(B'EC'),$$

所以, 有

$$\frac{S_{\triangle ABC}}{S_{\triangle AB'C'}}=\frac{S_{\triangle AEC}}{S_{\triangle AEC'}}=c(\xi).$$

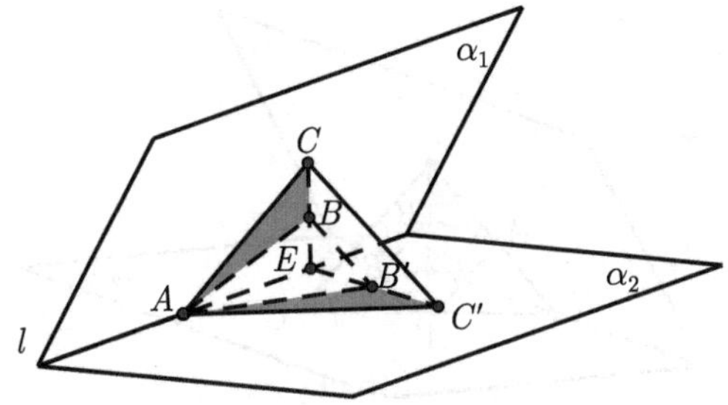

图 1.16

(3) 没有公共点:

设 ξ 是一个从平面 α_1 到平面 α_2 的透视仿射对应, ξ 将 $\triangle ABC$ 变为 $\triangle A'B'C'$(图 1.17). 由 (1) 得

$$\frac{S_{\triangle DEC}}{S_{\triangle DEC'}} = c(\xi),$$

而

$$(DAC) = (DA'C'), \quad (EBC) = (EB'C'),$$

于是

$$S_{\triangle ABC} = S_{\triangle DEC}(ADC)(BEC),$$

$$S_{\triangle A'B'C'} = S_{\triangle DEC'}(A'DC')(B'EC'),$$

所以, 有

$$\frac{S_{\triangle ABC}}{S_{\triangle A'B'C'}} = \frac{S_{\triangle DEC}}{S_{\triangle DEC'}} = c(\xi).$$

证毕.

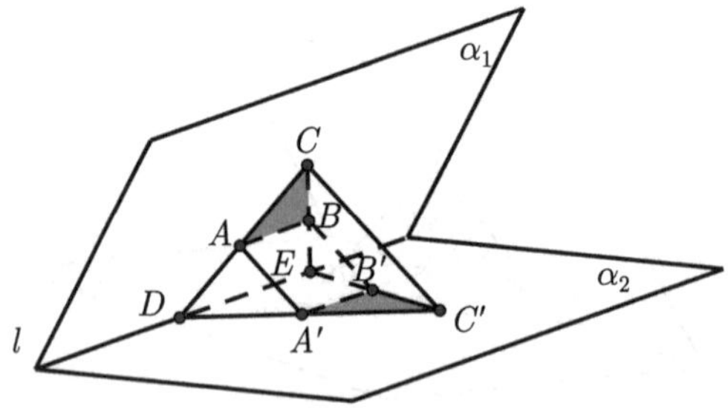

图 1.17

推论 1.1 仿射变换不改变两个多边形的面积之比.

推论 1.2 仿射变换不改变两个封闭图形的面积之比.

1.3 仿射变换的代数形式

1.1 节和 1.2 节从几何直观的意义上研究过了仿射变换及其性质, 本节从熟悉的直角坐标系入手, 探究仿射变换有着怎样的代数形式.

在平面内给定直角坐标系 xOy, $P(a,b)$ 是平面直角坐标平面上任意一点, 仿射变换 ξ 将 O, A, B, P 变为 O', A', B', P', 如图 1.18 所示.

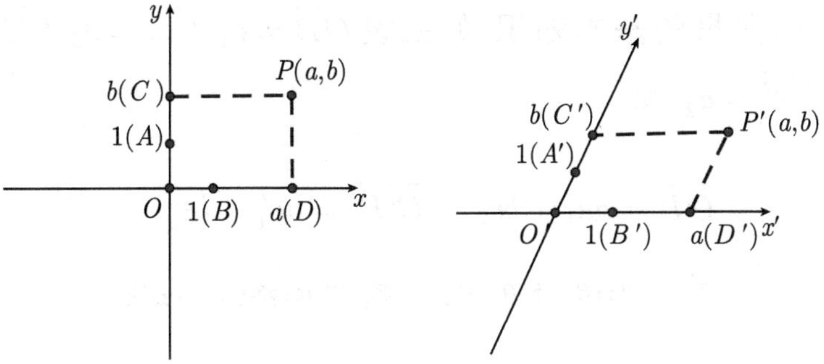

图 1.18

称 $x'O'y'$ 为该平面的**仿射坐标系**. 注意到单比的不变性, $(OAC) = (O'A'C')$, $(OBD) = (O'B'D')$, P' 在 $x'O'y'$ 中的坐标 (叫做 P' 的**仿射坐标**) 还是 (a, b).

仿射变换将仿射坐标系变为仿射坐标系.

设 O', B', A', P' 在给定直角坐标系 xOy 中的坐标分别为 (a_{13}, a_{23}), (a_{11}, a_{21}), (a_{12}, a_{22}), (a', b'), 如图 1.19 所示.

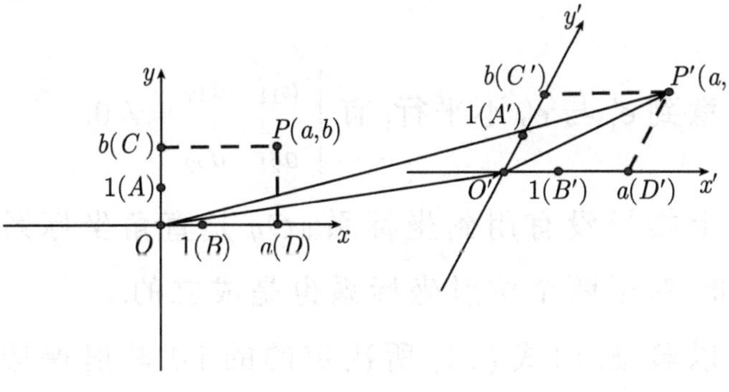

图 1.19

由向量的基本知识, 如果设 $\overrightarrow{OB}=\boldsymbol{e}_1,\overrightarrow{OA}=\boldsymbol{e}_2,\overrightarrow{O'B'}=\boldsymbol{e}_1',\overrightarrow{O'A'}=\boldsymbol{e}_2'$, 则

$$\overrightarrow{OP}=a\boldsymbol{e}_1+b\boldsymbol{e}_2,\quad \overrightarrow{O'P'}=a\boldsymbol{e}_1'+b\boldsymbol{e}_2',$$

$$\boldsymbol{e}_1'=a_{11}\boldsymbol{e}_1+a_{21}\boldsymbol{e}_2,\quad \boldsymbol{e}_2'=a_{12}\boldsymbol{e}_1+a_{22}\boldsymbol{e}_2.$$

而 $\overrightarrow{OP'}=\overrightarrow{OO'}+\overrightarrow{O'P'}$, 于是

$$\begin{aligned}\overrightarrow{OP'}&=(a_{13}\boldsymbol{e}_1+a_{23}\boldsymbol{e}_2)+(a\boldsymbol{e}_1'+b\boldsymbol{e}_2')\\&=(a_{13}\boldsymbol{e}_1+a_{23}\boldsymbol{e}_2)+(a(a_{11}\boldsymbol{e}_1+a_{21}\boldsymbol{e}_2)+b(a_{12}\boldsymbol{e}_1+a_{22}\boldsymbol{e}_2))\\&=(aa_{11}+ba_{12}+a_{13})\boldsymbol{e}_1+(aa_{21}+ba_{22}+a_{23})\boldsymbol{e}_2,\end{aligned}$$

即

$$\begin{cases}a'=aa_{11}+ba_{12}+a_{13},\\ b'=aa_{21}+ba_{22}+a_{23}.\end{cases}\tag{1.1}$$

注意到 $\boldsymbol{e}_1'$ 与 $\boldsymbol{e}_2'$ 不平行, 有 $\begin{vmatrix}a_{11}&a_{12}\\a_{21}&a_{22}\end{vmatrix}\neq 0.$

以上推导没有用到坐标系 xOy 是直角坐标系的条件, 因此, 对于两个仿射坐标系也是成立的.

可以验证, 由式 (1.1) 所决定的的 1-1 映射保持同素性、结合性、平行性和单比. 因此, 式 (1.1) 就是直角坐

标系 (仿射坐标系) 下仿射变换 ξ 的代数形式.

1.4 仿射变换的简单应用

我们已经了解了仿射变换和它的性质, 利用仿射变换, 可以将一些不同的几何图形联系起来, 比如, 将任意一个三角形变为另一个三角形, 将任何一个椭圆变为圆, 反之也能够将任何一个圆变为椭圆. 一般地, 如果同一平面上的一个几何图形 Ω_1 能够通过一个仿射变换变为几何图形 Ω_2, 则称 Ω_1, Ω_2 是**仿射等价**的, 所有仿射等价的几何图形构成一个**仿射等价类**, 比如, 定理 1.2 说明, 任意两个三角形都是仿射等价的, 或者说同一平面上的三角形全体构成一个仿射等价类, 而同一平面上的椭圆 (包括圆) 构成一个仿射等价类.

例 1.1 设 E, F 分别是平行四边形 $ABCD$ 的边 AD 和 AB 上的点, 且 $EF//DB$, 则

$$S_{\triangle ECD} = S_{\triangle FCB}.$$

证明 设 ξ 是一个仿射变换, ξ 将 $\triangle ABC$ 变为等腰直角三角形 $A'B'C'$(图 1.20). 由仿射变换的性质, 若设 $\xi(D) = D'$, $\xi(E) = E'$, $\xi(F) = F'$, 则 $A'B'C'D'$ 是正方形,

且 $E'F'/\!/D'B'$, 显然 $S_{\triangle E'C'D'} = S_{\triangle F'C'B'}$. 于是, 由定理 1.3 的推论 1.2, 有 $\dfrac{S_{\triangle ECD}}{S_{\triangle FCB}} = \dfrac{S_{\triangle E'C'D'}}{S_{\triangle F'C'B'}} = 1$, 即 $S_{\triangle ECD} = S_{\triangle FCB}$.

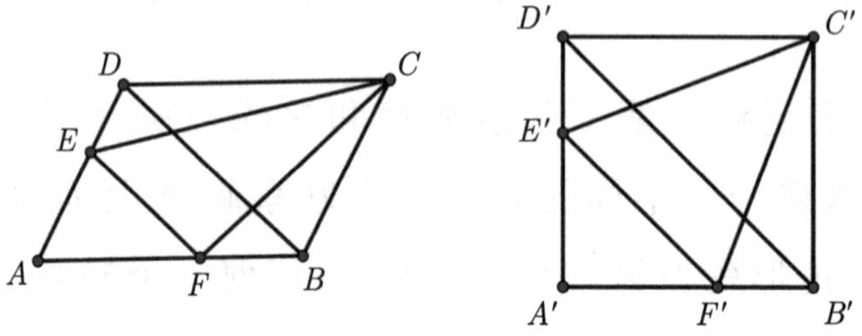

图 1.20

例 1.2 利用仿射变换求椭圆的面积.

设椭圆的半长轴为 a, 半短轴为 b, 如图 1.21 建立直角坐标系, 则其方程为 $\dfrac{x^2}{a^2} + \dfrac{y^2}{b^2} = 1$.

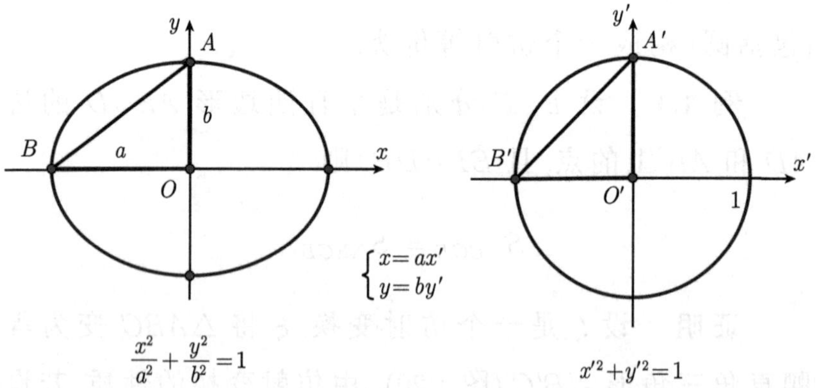

图 1.21

设仿射变换 ξ 为 $\begin{cases} x = ax', \\ y = by', \end{cases}$ 于是, 椭圆被 ξ 变为 $x'^2 + y'^2 = 1$.

注意到, $\xi(A)=A'$, $\xi(B)=B'$, $\xi(O)=O'$, 即 $\xi(\triangle ABC)=\triangle A'B'C'$, 由定理 1.3 的推论 1.2, 有

$$\frac{S_{\text{椭圆}}}{S_{\triangle OAB}} = \frac{S_{\text{圆}}}{S_{\triangle O'A'B'}}, \quad S_{\text{椭圆}} = \pi ab.$$

例 1.3 求证: 任意三角形的顶点与内切椭圆对应切点的连线共点.

证明 利用仿射变换将椭圆变为圆, 问题转化为"任意三角形的顶点与内切圆的对应切点的连线共点", 这由著名的锡瓦 (Ceva) 定理 3.12 得证. 证毕.

例 1.4 设 $ABCDEF$ 是椭圆的内接六边形, $AB//DE$, $BC//EF$, 则 $CD//AF$.

证明 利用仿射变换将椭圆变为圆, 注意到仿射变换保持平行性, 得到图 1.22 所示的圆内接六边形 $A'B'C'D'E'F'$, 且 $A'B'//D'E'$, $B'C'//E'F'$, 只需证明: $C'D'//A'F'$.

注意到 $\alpha+\gamma+\theta=\beta+\gamma+\theta$, 立即得到证明. 证毕.

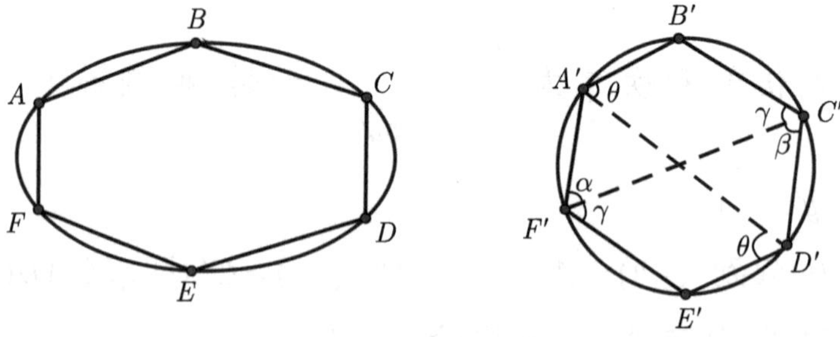

图 1.22

第 2 章

射影变换

在第 1 章中, 我们从圆柱的斜截面出发, 研究了仿射变换, 知道了保持同素性、结合性、平行性和单比是决定仿射变换的特征性质, 并利用仿射变换揭示出的不同图形之间的联系, 解决了一些几何问题. 特别注意到, 椭圆的一些只涉及结合性、平行性和单比的性质将可以划归为圆的相应性质.

然而, 圆锥曲线却正如其名字所表达的那样, 是可以通过截圆锥得到的 (图 2.1).

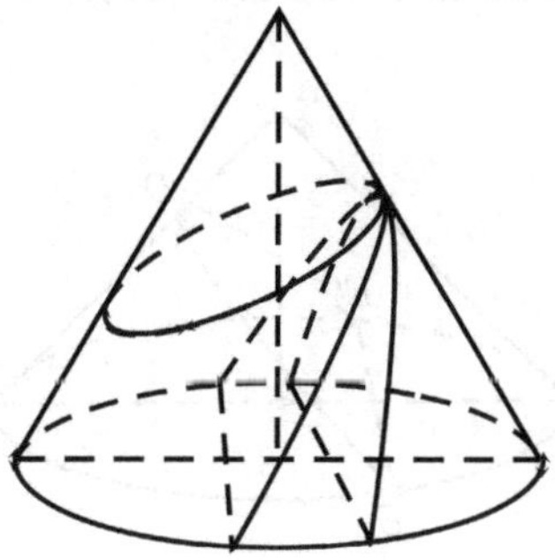

图 2.1

类比“截圆柱”的情形，当截面垂直于圆锥的对称轴时，得到的截口曲线是圆，改变截面所在平面与圆锥母线所成的角，将得到抛物线、双曲线等.

在历史上，据传希腊著名学者门奈赫莫斯 (Menaechmus, 约公元前 375～前 325) 在研究当时的著名“倍立方问题”时，把直角三角形 ABC 的直角 A 的平分线 AO 作为轴. 旋转三角形 ABC 一周，得到曲面 $ABECE'$，如图 2.2 所示. 用垂直于 AC 的平面去截此曲面，可得到截口曲线 EDE'，门奈赫莫斯称之为“直角圆锥曲线”. 若以直角三角形 ABC 中的长直角边 AC 为轴旋转三角形 ABC 一周，得到曲面 $CB'BE'$，如图 2.3 所示. 用垂直于 BC 的平面去截此曲面，其称为“锐角圆锥曲线”. 若以直角三角形 ABC 中的短直角边 AB 为轴旋转三角形 ABC 一周，可得到截口曲面 $BC'ECE'$. 如图 2.4 所示. 用垂直于

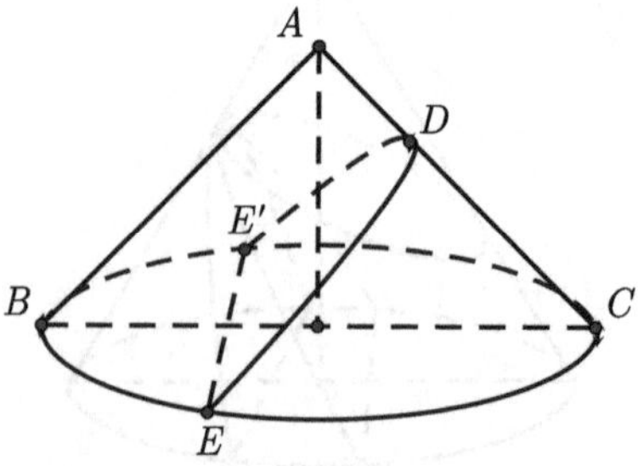

图 2.2

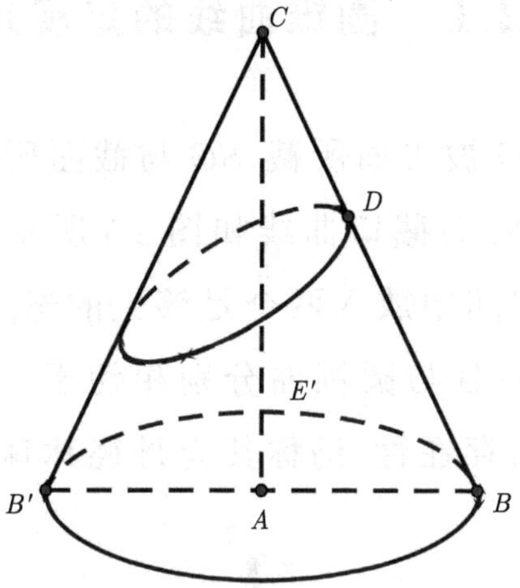

图 2.3

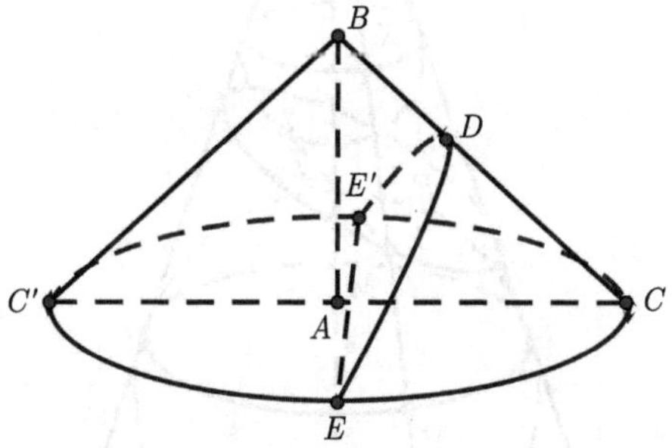

图 2.4

BC 的平面去截此曲面,其截口曲线 EDE' 称为“钝角圆锥曲线”.

我们再从这里开始,继续圆锥曲线的探索之旅.

2.1 圆锥曲线的直观定义

设圆锥 SO 被平面所截, SO 与截面所成的角大于圆锥顶角的一半, 则截口曲线如图 2.5 所示. 在圆锥内部, 截面的上下空间中放入两个足够大的球, 使球与截面相切于 F_1, F_2, 并且与圆锥面分别相切于一个圆. 不难证明这两个球的存在性, 仍称其为丹德林球.

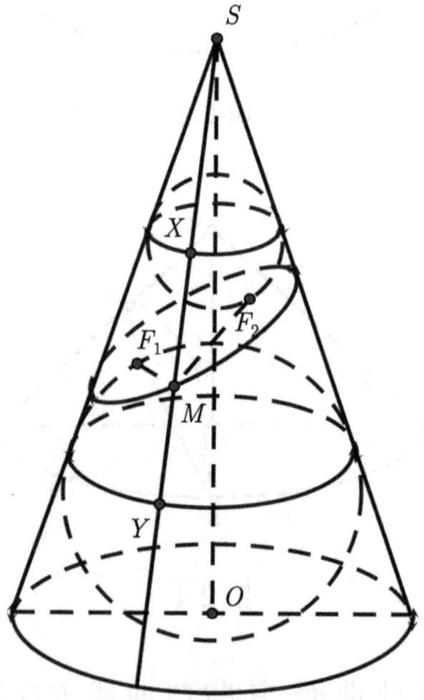

图 2.5

设 M 是截口曲线上的任意一点, 连接 MF_1, MF_2, 连

接 MS, 设直线 MS 分别交两个圆于 X,Y, 则 XY 是一个定值.

注意到 MF_1, MY 是同一个球的两条切线段, 有 $MF_1=MY$, $MF_2=MX$, 于是

$$MF_1+MF_2=MY+MX=XY\ (\text{定值}).$$

这就证明了该截口曲线是椭圆.

设圆锥 SO 被平面所截, SO 与截面所成的角小于圆锥顶角的一半, 则截口曲线如图 2.6 所示 (这里的圆锥是

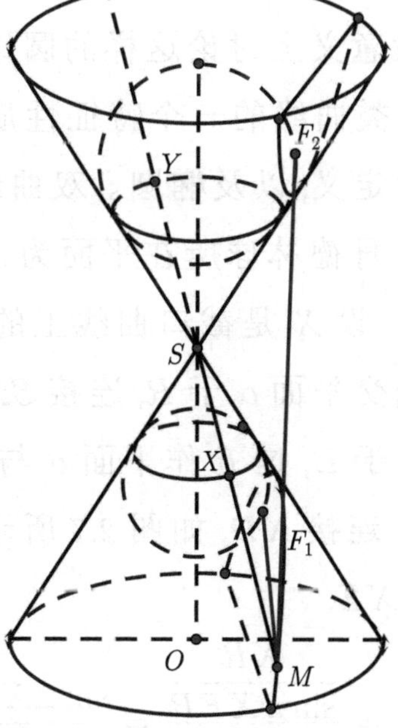

图 2.6

指两个底面向两侧无限延伸的“无底”圆锥).

与前面的情形类似, 在圆锥中放入两个丹德林球与截面分别交于 F_1, F_2.

设 M 是截口曲线上的任意一点, 连接 F_1, F_2, 过 M 的母线分别交两个丹德林球与圆锥的切面圆于 X, Y, 则 XY 是一个定值.

注意到, $MF_1 = MX$, $MF_2 = MY$, 于是

$$MF_1 - MF_2 = MY - MX = XY \text{ (定值)}.$$

这就证明了该截口曲线是双曲线.

最后, 在一般意义上讨论这样的圆锥截口曲线, 用统一的方式得到这类曲线的一个特征性质, 即传统教科书上关于抛物线的定义, 以及椭圆、双曲线的第二定义.

设 β 是截面, 丹德林球所在平面为 α, 丹德林球与截面 β 的交点为 F. 设 X 是截口曲线上的任意一点, 过 X 作平面 α 的垂线交平面 α 于 R, 连接 SX 交丹德林球与圆锥面的截面圆于 E, 过 R 作平面 α 与平面 β 的交线 l 的垂线交 l 于 D, 连接 XD, 如图 2.7 所示.

于是, $XF = XE$,

$$\frac{XF}{XD} = \frac{XE}{XD} = \frac{\dfrac{XR}{\sin\angle XER}}{\dfrac{XR}{\sin\angle XDR}} = \frac{\sin\angle XDR}{\sin\angle XER}\text{(定值)},$$

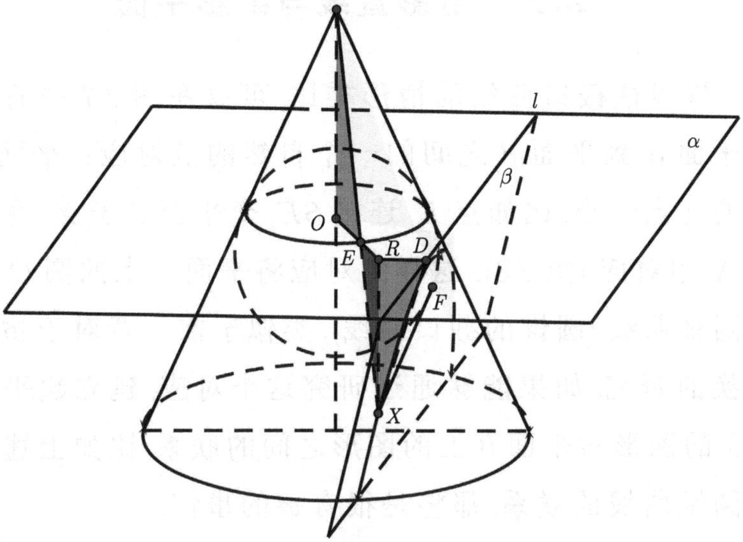

图 2.7

其中, $\angle OSE$ 是圆锥的半顶角, $\angle XDR$ 是平面 α 与平面 β 所成的二面角. 特别地, 当 $\angle XDR=\angle XER$ 时, $XF=XD$, 截口曲线是抛物线; 当 $\angle XDR<\angle XER$ 时, $\dfrac{XF}{XD}<1$, 截口曲线是椭圆; 当 $\angle XDR>\angle XER$ 时, $\dfrac{XF}{XD}>1$, 截口曲线是双曲线.

定义 2.1 上述圆锥的截口曲线统称为**圆锥曲线**(或圆锥截线, conic sections), F 称为**焦点**, l 称为 F 所对应的**准线**.

2.2 射影直线与射影平面

与圆柱截口曲线的情形类比, 可以在图 2.7 中看到从平面 α 到平面 β 之间的一个自然的点对应: 平面 α 中的任意一点, 比如点 E, 连接 SE, 交平面 β 于 X, 令 E 与 X 相对应 (图 2.8). 这样的对应将平面 α 上的圆 O 变为圆锥曲线 (圆锥的截口曲线). 类似于前一章对于仿射变换的研究, 如果能够通过研究这个对应, 建立起平面 α 上的图形与平面 β 上的图形之间的联系, 比如上述圆与圆锥曲线的联系, 那将是很有趣的事情.

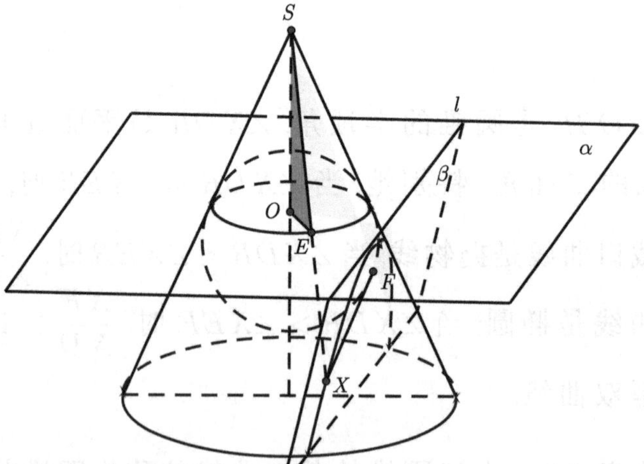

图 2.8

但是, 这个点对应并不构成为从平面 α 到平面 β 上的映射, 因为如果过点 S 作与平面 β 平行的平面, 设这个平面与平面 α 的交线为 l', 则直线 l' 上的任意一点 G 都不可能在平面 β 中有所对应的点; 同样, 过点 S 作与平面 α 平行的平面, 设这个平面与平面 β 的交线为 k, 则直线 k 上任意一点 N 都不可能是平面 α 上某一点的对应点 (图 2.9).

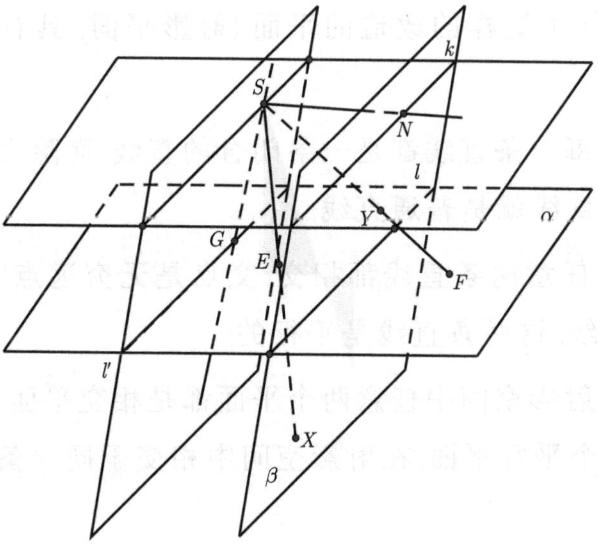

图 2.9

为了解决这个问题, 我们来对直线和平面作一些改造:

平面 α 内, 在每一条直线上增加且只增加一个点, 称为这条直线上的**无穷远点**, 约定平行的直线有相同的无穷远点, 不平行的直线有不同的无穷远点, 平面 α 上的所有无穷远点构成一条**无穷远直线.** 空间中所有无穷远直线构成**无穷远平面**. 我们把这样改造之后增加了无穷远点的直线称为**射影直线**, 增加了无穷远直线的平面称为**射影平面**, 增加了无穷远平面的空间称为**射影空间**.

进行了这样的改造的平面 (射影平面) 具有以下特点:

(1) 每一条直线都是一条闭合的直线, 而除去了无穷远点的直线就是普通直线;

(2) 任意两条直线都相交, 交点是无穷远点时, 作为普通直线, 这两条直线是平行的;

(3) 射影空间中任意两个平面都是相交平面, 作为普通的两个平行平面, 在射影空间中相交于同一条无穷远直线.

回到图 2.9 所示的平面 α 到平面 β 的对应问题上, 对平面 α 和平面 β 作以上改造, 则直线 l' 上的任意一点 G 对应着平面 β 上的一个无穷远点, 这个无穷远点在平面 β 内与直线 SG 平行的直线上; 直线 k 上任意一点 N

恰是平面 α 上某无穷远点的对应点, 这个无穷远点在平面 α 内与直线 SN 平行的直线上.

于是, 在作了这样的改造之后, 就建立了从射影平面 α 到射影平面 β 的一个 1-1 映射.

引入无穷远点和无穷远直线后, 在射影平面上, 圆锥曲线直观上成为封闭图形.

双曲线与无穷远直线 l_∞ 相交, 两个交点 P_∞ 和 Q_∞ 分别是双曲线两条渐近线上的无穷远点 (图 2.10, 图 2.11); 抛物线与无穷远直线 l_∞ 相切, 切点 P_∞ 是抛物线对称轴上的无穷远点 (图 2.12, 图 2.13). 椭圆与无穷远直线 l_∞ 相离. 三种圆锥曲线与无穷远直线 l_∞ 的关系如图 2.14 所示.

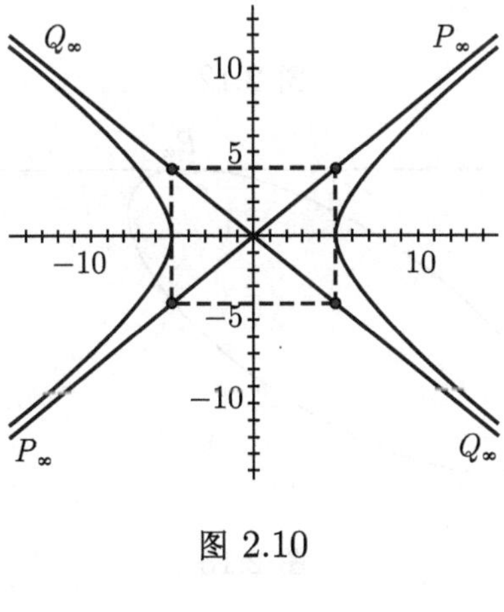

图 2.10

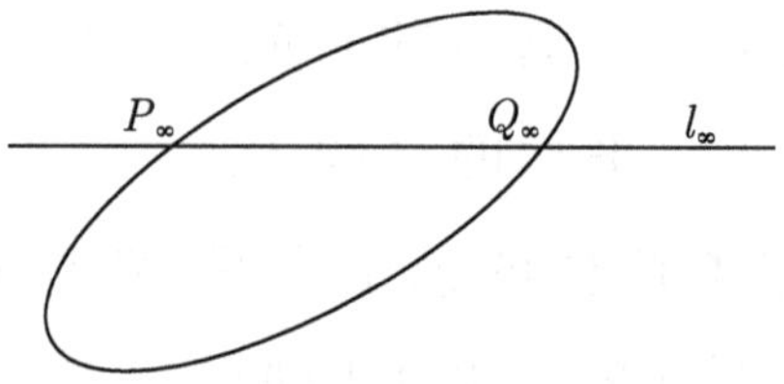

图 2.11

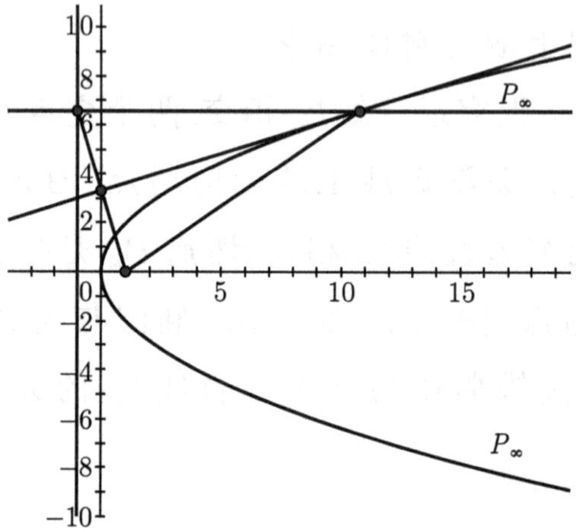

图 2.12

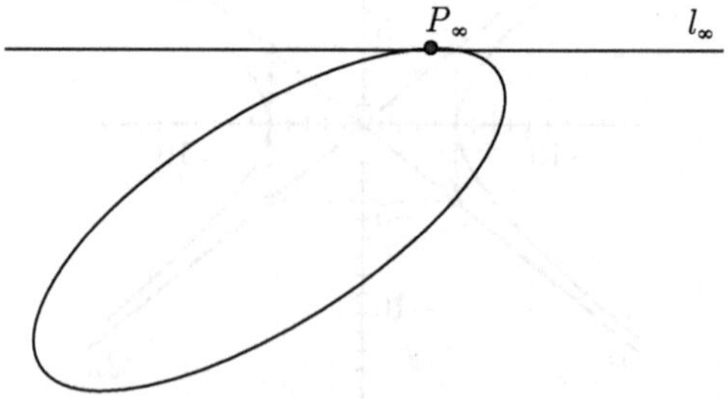

图 2.13

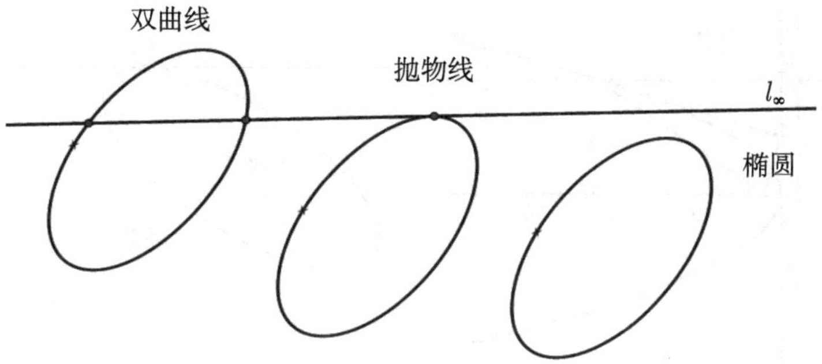

图 2.14

最后, 在直观基础上, 我们对圆锥曲线的内部和外部作一个规定. 椭圆的情形是显然的, 在椭圆的外部任取一个点, 过这个点可以作椭圆的两条切线, 而内部的点则没有这个性质. 用这个准则, 可以按照以下直观的方式规定双曲线和抛物线的内部与外部 (图 2.15, 图 2.16).

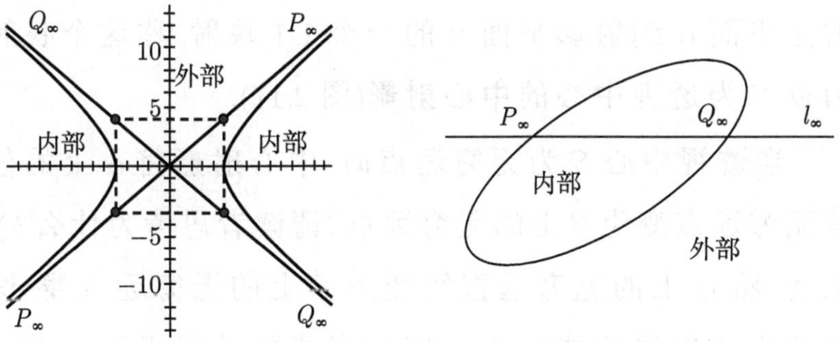

图 2.15

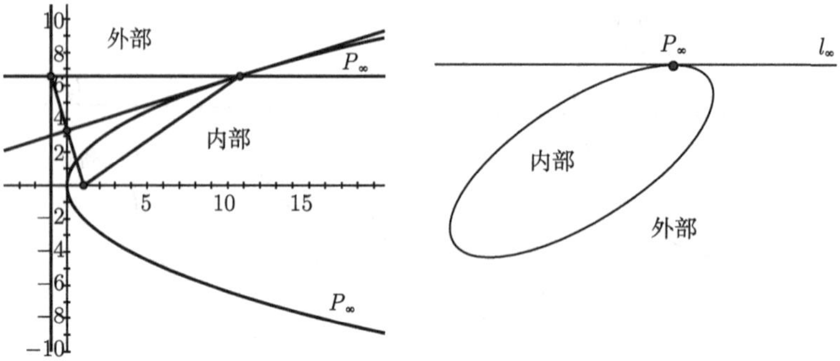

图 2.16

2.3 中心射影与射影变换

定义 2.2 设 α, β 是两个射影平面, S 是不在这两个平面内的一点, A 是平面 α 内任意一点. 设直线 SA 交平面 β 于 B, 根据 2.2 节的讨论, 按照种方式, 建立了从射影平面 α 到射影平面 β 的一个 1-1 映射, 称这个映射为以 S 为透视中心的**中心射影**(图 2.17).

当透视中心 S 为无穷远点时, 中心射影将 α 上的任意无穷远点变为 β 上的无穷远点 (请读者思考为什么?), 从而, 将 α 上的无穷远直线变为 β 上的无穷远直线, 这时的中心射影构成除去无穷远直线的普通平面 α 到 β 的透视仿射对应.

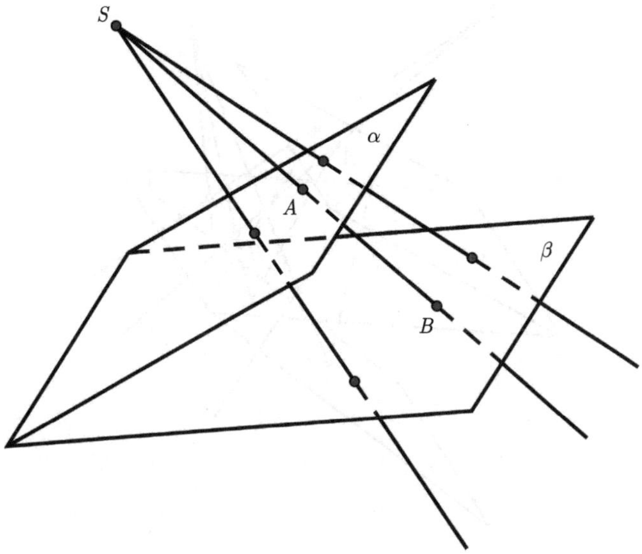

图 2.17

类比透视仿射对应与仿射变换的关系, 我们有

定义 2.3 设 f: $X \to Y$ 是从射影平面 α 到射影平面 β 的中心射影, g: $Y \to Z$ 是从射影平面 β 到射影平面 γ 的中心射影, 则容易知道, fg: $X \to Z(X \to Y \to Z)$ 是从射影平面 α 到射影平面 γ 的 1-1 对应 (图 2.18), 称为从射影平面 α 到射影平面 γ 的**射影对应**. 一般地, 一连串 (有限个) 中心射影按照上述方式构成**射影对应**.

射影平面 α 到自身的射影对应称为 α 的**射影变换**.

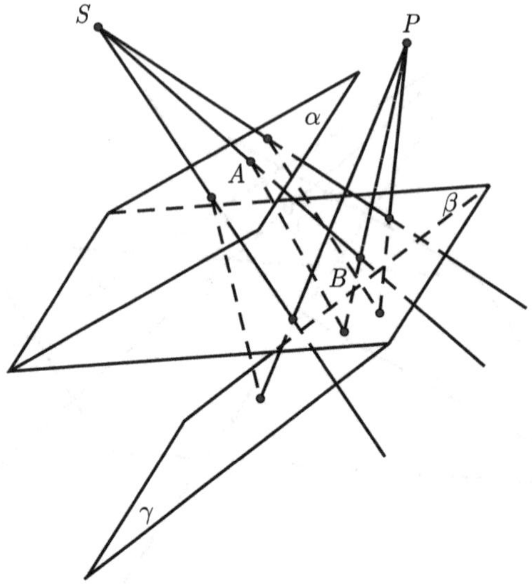

图 2.18

2.4 复比与射影变换的性质

同仿射变换类似, 我们来研究射影变换有哪些性质, 即射影变换会改变哪些图形的性质? 不改变哪些 (我们称之为**射影不变量**)?

设 f: $X \to Y$ 是从射影平面 α 到射影平面 β 的中心射影. 注意到中心射影显然将点变为点, 将直线变为直线, 因此, 射影平面 α 的射影变换也是这样, 即射影变换也保持**同素性**.

如果 l 是射影平面 α 上的一条直线, 点 A 在 l 上, 则点 A 的像点 $f(A)$ 也在 l 的像直线 $f(l)$ 上, 即中心射影保持**结合性**, 从而射影变换也有这样的性质.

注意到中心射影并不总是将无穷远点变为无穷远点, 因此, 射影变换不保持平行性.

进一步研究射影变换, 先来看看下面的构图 (图 2.19).

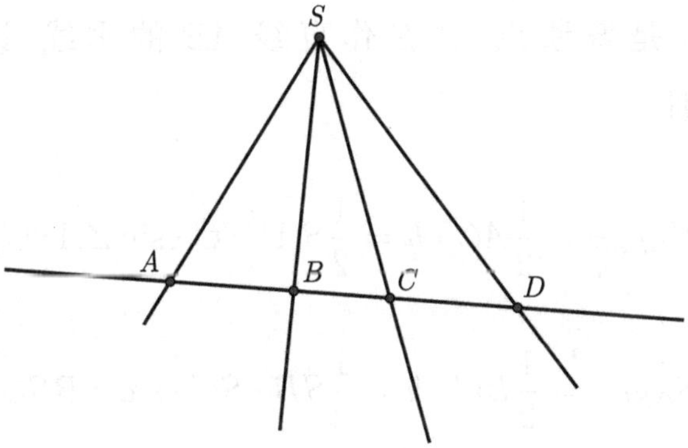

图 2.19

很明显, 结合射影变换的同素性和结合性, 这个构图在任意的中心射影中都是基本的. 我们称在同一条射影直线上的点 $A, B, C, D, \cdots$ 为**点列**, 共点的射影直线 $SA, SB, SC, SD, \cdots$ 为**线束**. 同一射影平面上的点列和线束又称为**一维基本形**.

定义 2.4 设射影直线上的点列 A, B, C, D 均为普通点, 定义这个点列的**复比 (或交比)**$(ABCD) = \dfrac{(ABC)}{(ABD)}$.

定理 2.1 设射影直线上的点列 A, B, C, D 均为普通点, 则这个点列的复比是射影不变量.

证明 只需要证明中心射影不改变点列的复比.

如果透视中心 S 是无穷远点, 则只能有以下两种情形, 无论如何, 都有 $(ABCD) = (EFGD)$, 如图 2.20 所示. 下面设 S 是普通点, 过 S 作直线 AB 的垂线, 设垂线段长为 h, 则

$$S_{\triangle SAC} = \frac{1}{2}AC \cdot h = \frac{1}{2}SA \cdot SC \cdot \sin\angle ASC,$$

$$S_{\triangle SBC} = \frac{1}{2}BC \cdot h = \frac{1}{2}SB \cdot SC \cdot \sin\angle BSC,$$

$$S_{\triangle SAD} = \frac{1}{2}AD \cdot h = \frac{1}{2}SA \cdot SD \cdot \sin\angle ASD,$$

$$S_{\triangle SBD} = \frac{1}{2}BD \cdot h = \frac{1}{2}SB \cdot SD \cdot \sin\angle BSD.$$

注意到单比与有向线段数量的定义, 我们规定: 以角的顶点为中心, 角的始边到终边逆时针方向为正角, 顺时针方向为负角, 于是

$$\frac{AC}{BC}=\frac{SA\cdot SC\cdot\sin\angle ASC}{SB\cdot SC\cdot\sin\angle BSC}=\frac{SA\cdot\sin\angle ASC}{SB\cdot\sin\angle BSC},$$

$$\frac{AD}{BD}=\frac{SA\cdot SD\cdot\sin\angle ASD}{SB\cdot SD\cdot\sin\angle BSD}=\frac{SA\cdot\sin\angle ASD}{SB\cdot\sin\angle BSD},$$

$$(ABCD)=\frac{(ABC)}{(ABD)}=\frac{\dfrac{AC}{BC}}{\dfrac{AD}{BD}}=\frac{\dfrac{SA\cdot\sin\angle ASC}{SB\cdot\sin\angle BSC}}{\dfrac{SA\cdot\sin\angle ASD}{SB\cdot\sin\angle BSD}}=\frac{\sin\angle ASC\sin\angle BSD}{\sin\angle BSC\sin\angle ASD}.$$

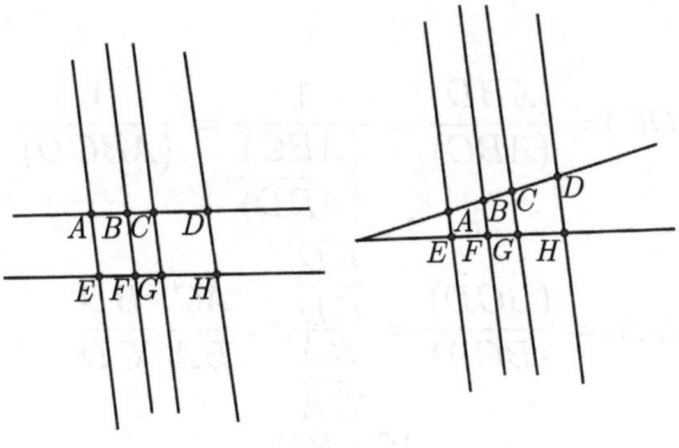

图 2.20

所以 $(ABCD)$ 的取值取决于点 S, 从而是射影不变的 (图 2.21). 证毕.

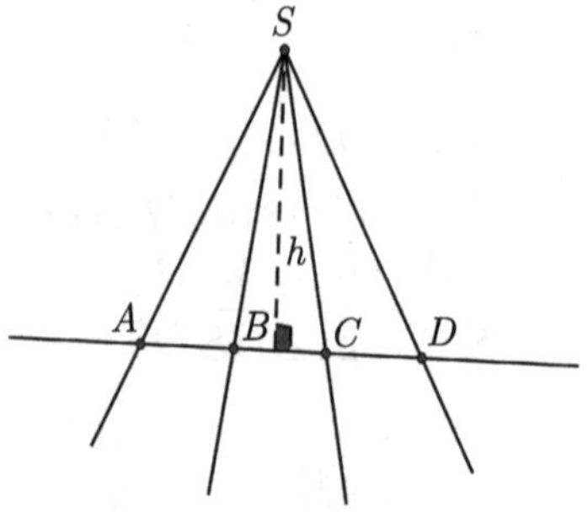

图 2.21

上述点列 A, B, C, D 按照字母所有可能的顺序, 可以构造出 24 个复比, 但这 24 个复比有很多个值是相等的, 而且只要确定了其中一个的取值, 则其他值都被确定. 比如, 若设 $(ABCD) = \lambda$, 则

$$(ABDC) = \frac{(ABD)}{(ABC)} = \frac{1}{\frac{(ABC)}{(ABD)}} = \frac{1}{(ABCD)} = \frac{1}{\lambda},$$

$$(BCDA) = \frac{(BCD)}{(BCA)} = \frac{\frac{BD}{CD}}{\frac{BA}{CA}} = \frac{AC \cdot BD}{BA \cdot CD}$$

$$= \frac{AC \cdot BD}{(BC - AC)(AD - AC)}$$

$$
\begin{aligned}
&= \frac{AC \cdot BD}{BC \cdot AD + (AC - BC) \cdot AC - AD \cdot AC} \\
&= \frac{AC \cdot BD}{BC \cdot AD + AB \cdot AC - AD \cdot AC} \\
&= \frac{AC \cdot BD}{BC \cdot AD - BD \cdot AC} \\
&= \frac{AC \cdot BD}{BC \cdot AD} \cdot \frac{BC \cdot AD}{AC \cdot BD - BC \cdot AD} = \frac{\dfrac{\dfrac{AC}{BC}}{\dfrac{AD}{BD}}}{\dfrac{\dfrac{AC}{BC}}{\dfrac{AD}{BD}} - 1} \\
&= \frac{(ABCD)}{(ABCD) - 1} = \frac{\lambda}{\lambda - 1}.
\end{aligned}
$$

24 种复比的关系如下, 证明留给读者:

$$(ABCD) = (CDAB) = (BADC) = (DCBA) = \lambda,$$

$$(BACD) = (CDBA) = (DCAB) = (ABDC) = \frac{1}{\lambda},$$

$$(ACBD) = (DBCA) = (CADB) = (BDAC) = 1 - \lambda,$$

$$(CABD) = (BDCA) = (ACDB) = (DBAC) = \frac{1}{1 - \lambda},$$

$$(ADBC) - (BCAD) = (CBDA) = (DACB) = 1 - \frac{1}{\lambda},$$

$$(DABC) = (CBAD) = (BCDA) = (ADCB) = \frac{\lambda}{\lambda - 1}.$$

练习 2.1 试完成对其余点列复比取值的证明.

对于点列 A,B,C,D 均为普通点的情形，我们定义了点列的复比，并且证明了复比是射影不变量，当点列中包含无穷远点的时候，是否还可以补充定义复比，并在射影变换之下不变？

首先，设点 S 是普通点，点列中有且只有一个无穷远点，不妨设为 D_∞(图 2.22)，则意味着 $SD_\infty // AB$, $(ABD_\infty) = \dfrac{AD_\infty}{BD_\infty}$，直观上容易得到，$\dfrac{AD_\infty}{BD_\infty} \to 1$，于是，**规定**$(ABCD) = \dfrac{(ABC)}{(ABD_\infty)} = (ABC)$ 应该是合理的.

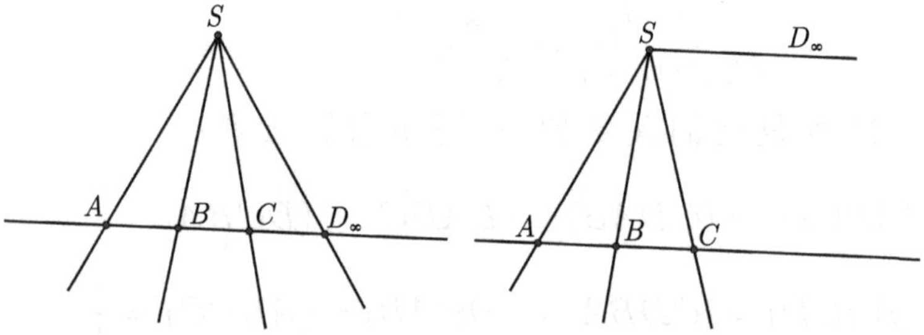

图 2.22

实际上，我们有以下合理性的推导：设 S 是普通点，以 S 为中心的中心射影点列 A,B,C,D 变为 A',B',C', D_∞，其中 D_∞ 是射影直线 SD 上的无穷远点. 设点列 A,B,C,D 所在射影直线上的无穷远点 R_∞ 的像为 R'(图 2.23).

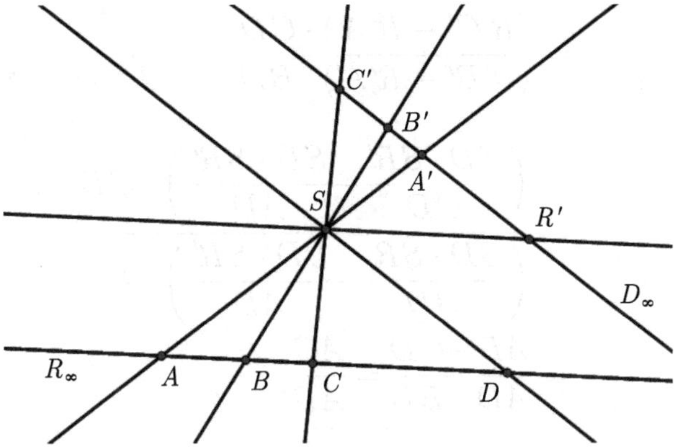

图 2.23

注意到 $\triangle SAD$ 与 $\triangle A'SR'$ 相似, 有 $R'A'=\dfrac{SD\cdot SR'}{AD}$, 同理, 由 $\triangle SBD$ 与 $\triangle B'SR'$ 相似, 得 $R'B'=\dfrac{SD\cdot SR'}{BD}$, 由 $\triangle SCD$ 与 $\triangle C'SR'$ 相似, 得 $R'C'=\dfrac{SD\cdot SR'}{CD}$, 于是

$$\begin{aligned}(R_\infty ABC)=(R'A'B'C')&=\frac{(R'A'B')}{(R'A'C')}\\&=\frac{\dfrac{R'B'}{A'B'}}{\dfrac{R'C'}{A'C'}}=\frac{A'C'\cdot R'B'}{A'B'\cdot R'C'}\\&=\frac{A'C'\dfrac{SD\cdot SR'}{BD}}{A'B'\dfrac{SD\cdot SR'}{CD}}\end{aligned}$$

$$=\frac{(R'C'-R'A')\cdot CD}{(R'B'-R'A')\cdot BD}$$

$$=\frac{\left(\dfrac{SD\cdot SR'}{CD}-\dfrac{SD\cdot SR'}{AD}\right)\cdot CD}{\left(\dfrac{SD\cdot SR'}{BD}-\dfrac{SD\cdot SR'}{AD}\right)\cdot BD}$$

$$=\frac{AD-CD}{AD-BD}=\frac{AC}{AB},$$

从而

$$(ABCR_\infty)=\frac{(R_\infty ABC)}{(R_\infty ABC)-1}=\frac{\dfrac{AC}{AB}}{\dfrac{AC}{AB}-1}$$

$$=\frac{AC}{AC-AB}=\frac{AC}{BC}=(ABC).$$

再设 S 为无穷远点, 记为 S_∞, 点列中有且只有一个无穷远点, 不妨设为 D_∞(图 2.24). 则如果点列 A', B', C', D' 是 A,B,C,D 的对应点列, S_∞ 在射影直线 DD' 上, 而 D_∞ 也是无穷远点, 所以, DD' 是无穷远直线, 从而 D' 也是无穷远点. 这样, 点列是 A,B,C,D_∞ 的复比的定义就归结为前一情形.

最后, 如果点列 A,B,C,D 中有至少 2 个无穷远点, 则这个点列所在的射影直线恰为无穷远直线, 于是 S 是普通点. 按照图 2.25 所示方法, 可以将此点列的复比的定义归结为前面的情形.

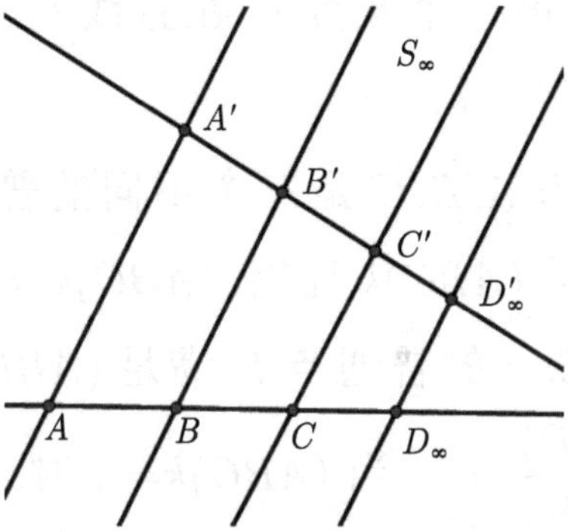

图 2.24

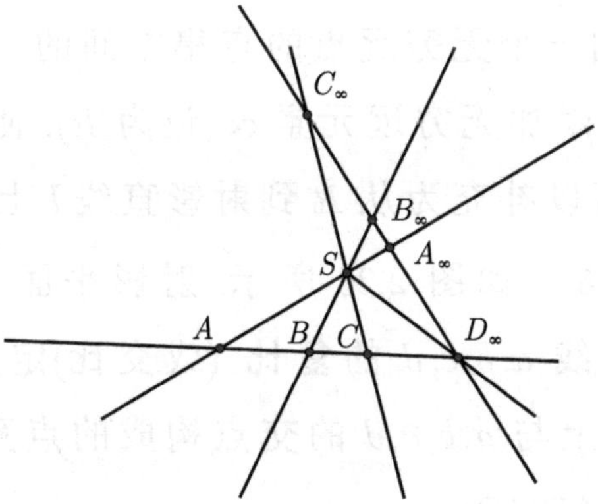

图 2.25

由上述对复比的补充论述和定义, 我们有

定理 2.2 在射影直线上, 点列的复比是射影不变量.

定理 2.3 设 A,B,C 是射影直线 l 上的三个不同的普通点, 则对每一个实数 k, 在直线 l 上存在唯一的点 D, 使得 $(ABDC)=k$.

证明 因为 A,B,C 是三个不同的普通点, $(ABC)\neq 0$, 于是对于实数 $(ABC)k$ 而言, $(ABC)k\neq 1$ 时, 在射影直线 AB 上存在唯一的普通点 D 满足 $(ABD)=(ABC)k$, 即 $(ABDC)=\dfrac{(ABD)}{(ABC)}=k$. 当 $(ABC)k=1$ 时, $(ABD)=1$, D 为 l 上的无穷远点即满足条件. 证毕.

注 定理 2.3 只建立起全体实数到射影直线 l 除去 B 点, 但添加一个无穷远点的点集之间的一个 1-1 映射. 通过在 R 中添加无穷远元素 ∞(记为 $\bar{R}$), 使其对应 l 上的点 B, 则可以补充为从 $\bar{R}$ 到射影直线 l 上的 1-1 映射.

定义 2.5 如图 2.26 所示, 射影平面上过 S 点的四条射影直线 a,b,c,d 的**复比 (或交比)**定义为任意一条射影直线上与 a,b,c,d 的交点构成的点列的**复比**, 即 $(a,b,c,d)=(ABCD)$.

由点列的复比是射影不变量, 容易知道射影平面上的线束复比也是射影不变量. 实际上, 同素性、结合性与保持复比恰是射影变换的特征性质, 从下面的定理开始, 我们将逐步证明这一点.

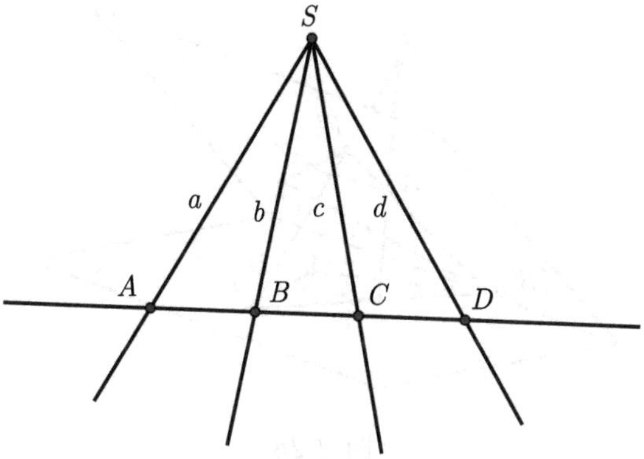

图 2.26

定理 2.4 存在唯一的射影变换将射影平面上不共线的 4 个点变为任意指定的不共线的 4 个点.

证明 设 A, B, C, D 是射影平面上的 4 个点, 并且任意四点不共线, A', B', C', D' 也是这样的 4 个点 (图 2.27). 以下分 2 步完成存在性的证明.

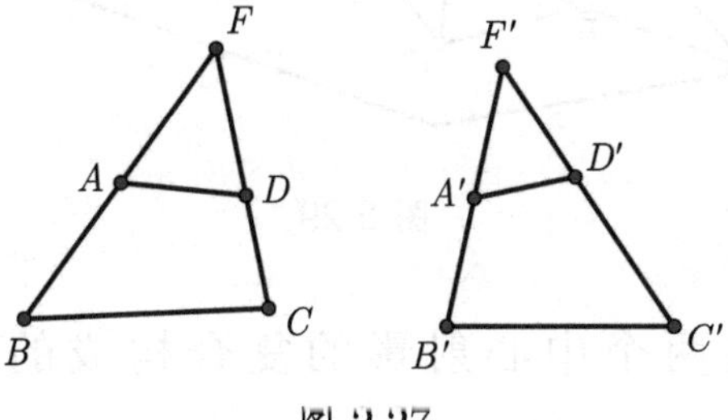

图 2.27

第一步: 利用以 S 为透视中心的中心射影, 将 B 变为 B', A 变为 A', F 变为 F', 如图 2.28 所示.

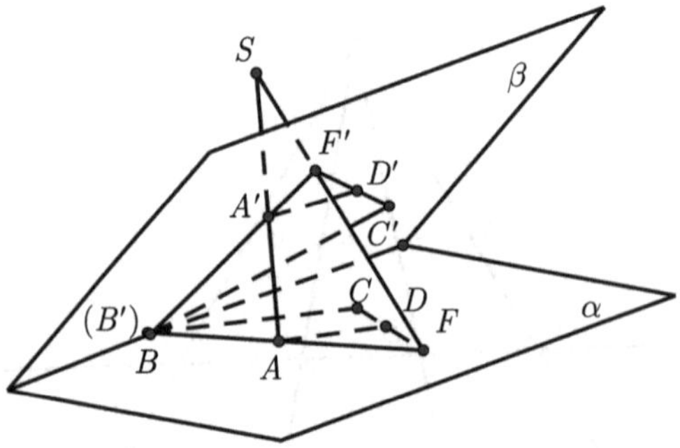

图 2.28

第二步：利用以 P 为透视中心的中心射影, 将 D 变为 D', C 变为 C', 如图 2.29 所示.

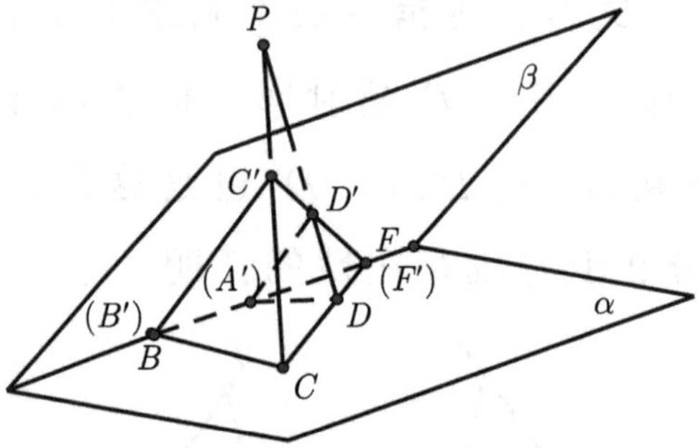

图 2.29

于是, 这两个中心射影的复合构成的射影变换将 A, B, C, D 变为 A', B', C', D'.

下面证明唯一性：

假设 ξ 是一个射影变换, 将 A, B, C, D 分别变为 A',

B', C', D'. 设 X 是 $ABCD$ 所在平面内的任意一点 (图 2.30), 于是, 若设直线 BX 交 CD 于 K, 直线 CX 交 BA 于 T, 则点 K 与点 T 被 X 唯一确定. 由射影变换的同素性、结合性, 并保持复比, 如果 $\xi(K) = K'$, $\xi(T) = T'$, 则 $(CDKF) = (C'D'K'F')$, $(FATB) = (F'A'T'B')$, 由定理 2.3, K', T' 也被唯一确定, 从而, $\xi(X) = X'$ 也被唯一确定. 这就证明了 ξ 的唯一性. 证毕.

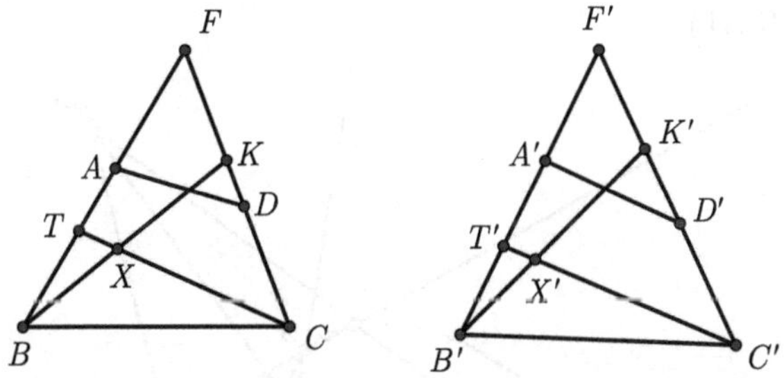

图 2.30

定理 2.5 射影平面 α 到自身的 1-1 映射如果满足同素性、结合性并保持复比, 则一定是 α 上的一个射影变换.

证明 设 ξ 是射影平面 α 到自身的满足条件的一个 1-1 映射, 并将任意三点不共线的 4 个点 A, B, C, D 分别变为 A', B', C', D', 由定理 2.4, ξ 是一个射影变换, 而且是唯一的. 证毕.

2.5 射影变换的初步应用

2.5.1 帕斯卡定理的证明

1640 年, 帕斯卡证明了下面的定理:

定理 2.6(帕斯卡定理) 设 $ABCDEF$ 是圆锥曲线 Ω 的内接六边形, 对边 AB 和 DE 交于 X, 对边 BC 和 EF 交于 Y, 对边 CD 和 AF 交于 Z, 则 X,Y,Z 在一条直线上 (图 2.31).

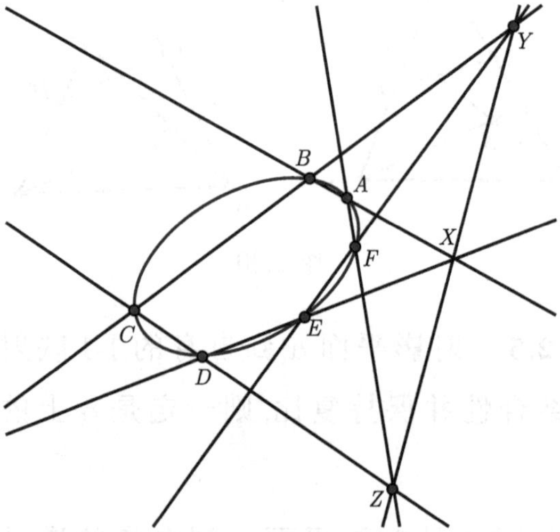

图 2.31

证明 由于定理只涉及点、直线、圆锥曲线, 以及点与直线的结合性, 利用射影变换与仿射变换分三步完成定理的证明.

第一步：利用射影变换, 可以将命题从关于圆锥曲线 Ω 变为关于圆 O 的命题.

第二步：如图 2.32 所示, 过圆 O 的圆心作圆所在平面的垂线, 在垂线上取一点 S, 以 S 为顶点, 圆 O 为底面作圆锥. 注意到 SXY 确定一个平面, 用与平面 SXY 平行的平面截圆锥, 则构造成功一个以 S 为透射中心的中心射影, 这个中心射影将圆 O 变为椭圆 Φ, 将直线 XY 变为无穷远直线.

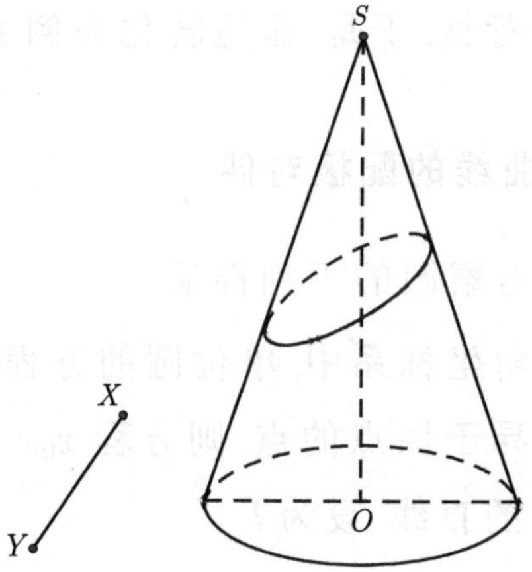

图 2.32

于是, 命题转化为：设 $ABCDEF$ 是椭圆 Φ 的内接六边形, 对边 $AB//DE$, 对边 $BC//EF$, 则 $CD//AF$(图 2.33).

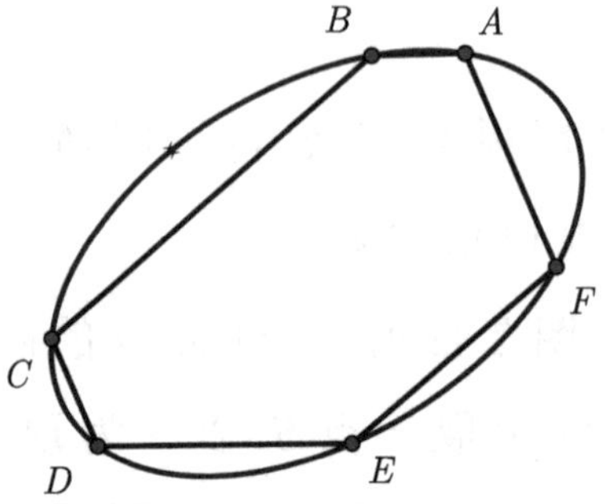

图 2.33

第三步：利用透视中心为无穷远点的中心射影 (仿射变换) 将椭圆 Φ 变为圆，而透视中心为无穷远点时，中心射影保持平行性，于是，命题转化为例 1.4. 证毕.

2.5.2　圆锥曲线的配极对偶

我们先来考察圆的下列性质：

回顾在直角坐标系中，单位圆的方程为 $x^2+y^2=1$，设 $P(x_0,y_0)$ 是异于原点的点，则方程 $x_0x+y_0y=1$ 表示一条不过原点的直线，设为 l.

不难验证，当点 P 在单位圆周上时，l 恰为圆的以 P 为切点的切线 (图 2.34)；当点 P 在圆外时，l 为过 P 点的圆的两条切线的切点决定的圆的一条割线 (图 2.35)；当点 P 在圆内时，连接圆心 O 与 P 点，过 P 作 OP 的垂线交圆于 2 点, 过这 2 点作圆的两条切线, 则 l 为过这两条切线的交点与 OP 垂直的直线 (图 2.35).

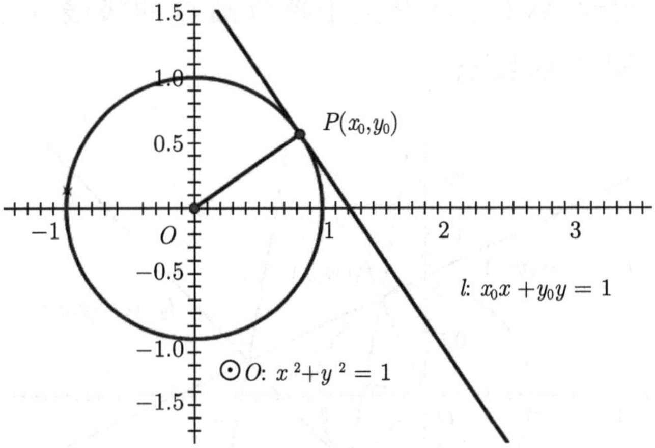

图 2.34

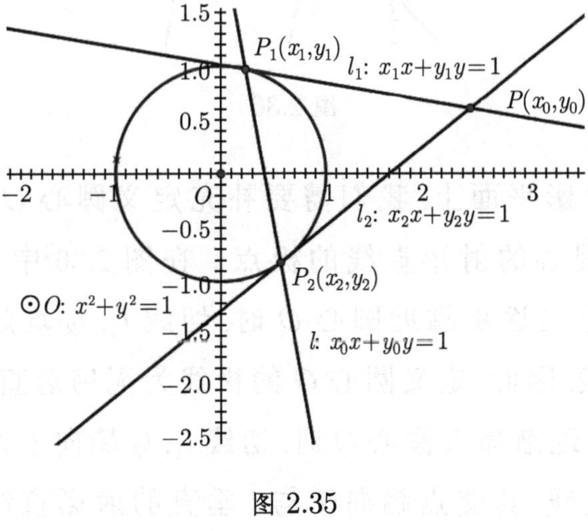

图 2.35

练习 2.2 试完成直线 l 与单位圆 O 位置关系的证明.

一般地, 称 l 为点 P 关于单位圆 O 的**极线**, P 为 l 关于单位圆 O 的**极点**.

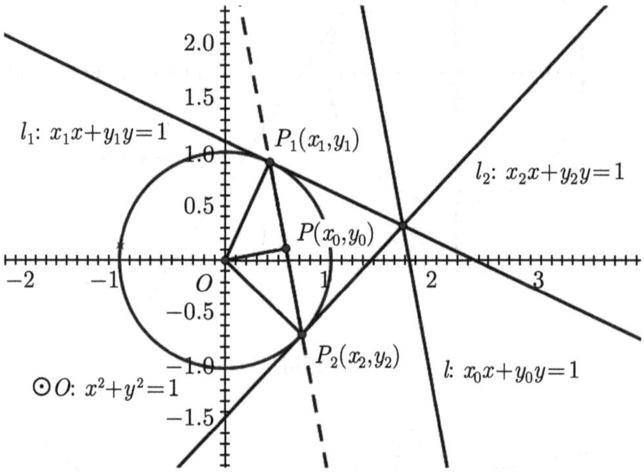

图 2.36

在射影平面上, 我们需要补充定义圆心 O 的极线, 以及过圆心的射影直线的极点：在图 2.36 中, 当 P 点从不同方向逐步靠近圆心 O 时, 切线 l_1, l_2 均趋向于两条平行线, 因此, 定义圆心 O 的极线为无穷远直线; 在图 2.35 中, l 逐渐靠近圆心 O 时, 切线 l_1, l_2 趋向于两条垂直于 l 的直线, 其交点趋向于与 l 垂直的射影直线上的无穷远点, 于是, 定义过圆心 O 的直线 l 的极点为垂直于 l 的射影直线上的无穷远点.

圆的极点与极线有以下性质:

(1) 设点 P_1, P_2 关于圆 O 的极线分别为 l_1, l_2, 若点 P_1 在 l_2 上, 则点 P_2 在 l_1 上.

证明 在普通直线和点的情形, 不妨设圆为 $x^2+y^2=1$, 点 $P_1(x_1,y_1)$, $P_2(x_2,y_2)$ 的极线分别是 l_1: $x_1x+y_1y=1$, l_2: $x_2x+y_2y=1$. P_1 在 l_2 上, 即 $x_2x_1+y_2y_1=1$, 这同时说明 $P_2(x_2,y_2)$ 满足方程 l_1: $x_1x+y_1y=1$, 即 P_2 在 l_1 上.

l_1, l_2 为无穷远直线或 P_1, P_2 为圆心时也容易验证这一性质成立.

(2) 设点 P_1, P_2, P 关于圆 O 的极线分别为 l_1, l_2, l, 则 P_1, P_2 在 l 上, 当且仅当点 P 是 l_1, l_2 的交点.

证明 只证明普通直线和点的情形. 不妨设圆为 $x^2+y^2=1$, 点 $P_1(x_1,y_1)$, $P_2(x_2,y_2)$, $P_0(x_0,y_0)$ 的极线分别是 l_1: $x_1x+y_1y=1$, l_2: $x_2x+y_2y=1$, l: $x_0x+y_0y=1$. P_1, P_2 在 l 上, 即 $x_0x_1+y_0y_1=1$, $x_0x_2+y_0y_2=1$, 这说明 $P_0(x_0,y_0)$ 满足直线 l_1, l_2 的方程, 即点 P 是 l_1, l_2 的交点. 反过来也是显然的.

由此, 我们可以重述当点 P 在圆 O 内部时, 点 P 关

于圆 O 的极线:

如图 2.37 所示, 过点 P 作圆的两条弦 P_1P_2, P_3P_4, 分别过 P_1, P_2 作圆的两条切线, 设这两条切线的交点为 X, 分别过 P_3, P_4 作圆的两条切线, 设这两条切线的交点为 Y, 则由前面的性质易得, 直线 XY 就是点 P 关于圆 O 的极线.

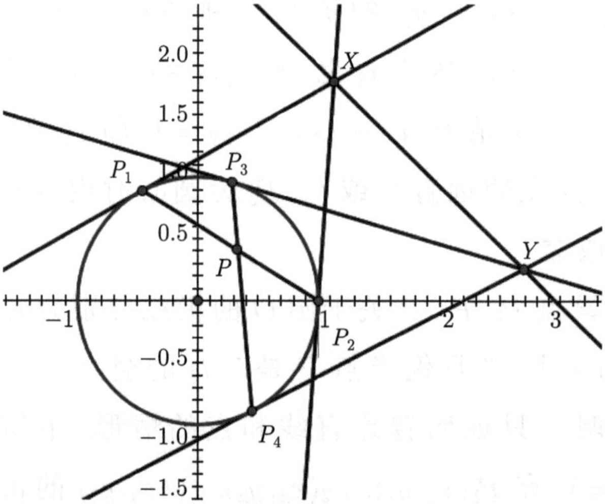

图 2.37

经过这样的重述之后, 圆的极点与极线的概念只涉及同素性与结合性, 从而, 可以通过射影变换将其拓展到圆锥曲线上, 并且只需要将其中的 "圆" 改为 "圆锥曲线". 进行这样的拓展后, 关于圆心与无穷远直线的极线与极点的问题, 由圆锥曲线与无穷远直线的关系 (2.2 节) 自然得到解决. 上面的性质 (1), (2) 在拓展之后仍然成立.

定理 2.7 设 Ω 是射影平面 α 上的圆锥曲线, P_1, P_2, P_3 关于 Ω 的极线分别是 l_1, l_2, l_3, 那么 P_1, P_2, P_3 共线当且仅当 l_1, l_2, l_3 共点.

证明 由性质 (2), 直线 P_1P_2 的极点是 l_1, l_2 的交点, 直线 P_1P_3 的极点是 l_1, l_3 的交点. 当 P_1, P_2, P_3 共线时, 其极点是被 Ω 唯一确定的, 于是 l_1, l_2 的交点与 l_1, l_3 的交点是同一点, 即 l_1, l_2, l_3 共点; 而当 l_1, l_2, l_3 共点时, 这个点所对应的直线被被 Ω 唯一确定, 于是直线 P_1P_2 与直线 P_1P_3 是同一直线, 即 P_1, P_2, P_3 共线. 证毕.

定义 2.6 设 Ω 是射影平面 α 上的圆锥曲线, Σ 是由 α 上的点和射影直线构成的图形, 将这些点与射影直线变为关于 Ω 的极线和极点, 得到图形 Σ', 称为 Σ 的**配极对偶图形**.

如果 $P(\Omega)$ 是关于 Ω 的一个命题, 将其中的点、射影直线及其关系变为相应的极线、极点及其关系, 得到关于 Ω 的一个新命题 $P'(\Omega)$, 称为 $P(\Omega)$ 的**配极对偶命题**.

下面的定理是帕斯卡定理的配极对偶命题.

定理 2.8(布里安桑 (Brianchon) 定理)　设 $ABCDEF$ 是圆锥曲线 Ω 的外切六边形, 则 AD, BE, CF 共点 (图 2.38).

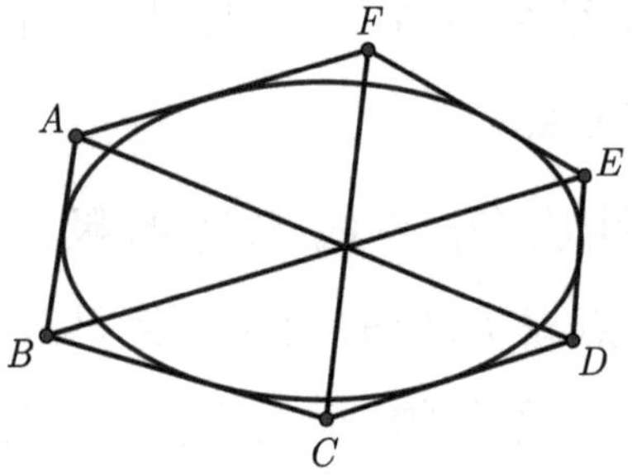

图 2.38

证明　设 AB, BC, CD, DE, EF, FA 与 Ω 的的切点分别为 H, I, J, K, L, M, 则 $HIJKLM$ 是 Ω 的的内接六边形, 由帕斯卡定理, 若设 HI 与 KL 的交点为 X, IJ 与 LM 的交点为 Y, JK 与 MH 的交点为 Z, 则 X, Y, Z 共线 (图 2.39).

由配极对偶性, HI, IJ, JK, KL, LM, MH 关于 Ω 的极点分别是 B, C, D, E, F, A, 于是, HI 与 KL 的交点 X 的极线为 BE, IJ 与 LM 的交点 Y 的极线为 CF, JK 与 MH 的交点 Z 的极线为 AD, 从而, 由 X, Y, Z 共线以及定理

2.4 得, AD, BE, CF 共点. 证毕.

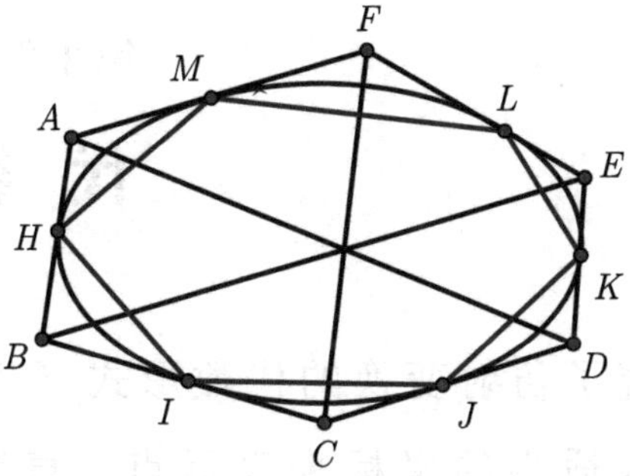

图 2.39

第3章

代数形式

1.3 节研究了仿射变换的代数形式, 在射影平面上是否还可以引入适当的坐标来表示点、直线以及射影变换呢? 本章就来解决这个问题.

3.1 齐次坐标

从射影平面上点的坐标的探索开始.

在普通平面 α 上建立直角坐标系, 熟知任意有序实数组 (x, y) 对应着平面 α 上唯一的一个点, 反之, 平面 α 上任意一个点也有唯一的有序实数组 (x, y) 与其对应. 在 α 上增加了无穷远直线后, α 成为无穷远直线, 我们需要做的就是给这条直线上的无穷远点定义坐标, 并保持射影平面 α 上所有点的坐标的统一.

由射影平面上无穷远点的定义, 在普通直角坐标平面上的每一条直线上只添加一个无穷远点, 并且平行的直线具有相同的无穷远点, 因此, 只需要考虑过原点的每一条直线上添加一个无穷远点 (图 3.1).

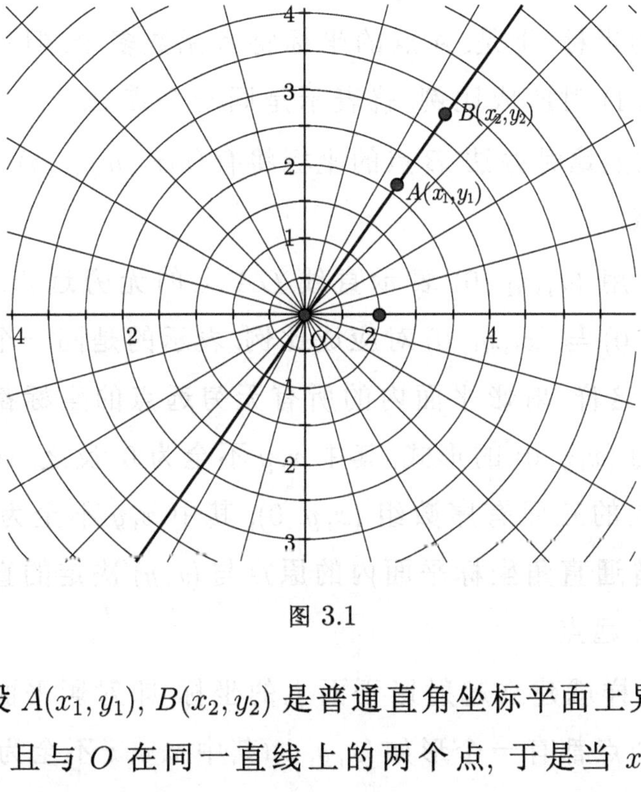

图 3.1

设 $A(x_1,y_1)$, $B(x_2,y_2)$ 是普通直角坐标平面上异于原点 O, 且与 O 在同一直线上的两个点, 于是当 $x_2\neq 0$, $y_2\neq 0$ 时, $\dfrac{x_1}{x_2}=\dfrac{y_1}{y_2}$; $x_1=0$ 当且仅当 $x_2=0$, $y_1=0$ 当且仅当 $y_2=0$. 称这种情形为 (x_1,y_1) 与 (x_2,y_2) 对应成比例.

类似地, 称 (x_1,y_1,z_1) 与 (x_2,y_2,z_2) 对应成比例, 意味着当 $x_2\neq 0, y_2\neq 0, z_2\neq 0$ 时, $\dfrac{x_1}{x_2}=\dfrac{y_1}{y_2}=\dfrac{z_1}{z_2}$; $x_1=0$ 当且仅

当 $x_2=0$, $y_1=0$ 当且仅当 $y_2=0$, $z_1=0$ 当且仅当 $z_2=0$.

我们尝试用 (tx_1, ty_1, t), $t\neq 0$ 来表示射影平面中的 A 点的坐标, 于是, A 点的坐标将有无数多个, 但只要与 $(x_1, y_1, 1)$ 对应成比例, 就表示是同一个点 A.

按照这种办法, B 点的坐标将有 (mx_1, my_1, m), $m\neq 0$ 的形式.

再用 $(x_1, y_1, 0)$ 表示直线 OA 上的无穷远点, 于是 $(x_2, y_2, 0)$ 与 $(x_1, y_1, 0)$ 对应成比例, 表示的是同一个无穷远点. 这样, 射影平面内的所有无穷远点的坐标都可以表示为 $(x, y, 0)$ 的形式, 其中 x, y 不全为 0, 反之, 任何这种形式的三元有序数组 $(x, y, 0)$, 其中 x, y 不全为 0, 表示由普通直角坐标平面内的原点与 (x, y) 决定的直线上的无穷远点.

这样就建立起射影平面上的坐标, 即射影平面上的每一个点都有一个形如 (x, y, z)(其中 x, y, z 不全为 0) 的坐标, 当 $z\neq 0$ 时, (x, y, z) 就是普通直角坐标平面上的点 $\left(\dfrac{x}{z}, \dfrac{y}{z}\right)$; 当 $z=0$ 时, (x, y, z) 表示普通直角坐标平面上由原点和 (x, y) 决定的直线上的无穷远点. (x, y, z)(其中 x, y, z 不全为 0) 称为射影平面上的**齐次点坐标**.

在普通直角坐标系中, 任意一条直线 l 都可以表示

为 $Ax+By+C=0$, 其中 A,B 不同时为 0. 设 $P(x_1,y_1)$ 是 l 上的一个点, 于是 $Ax_1+By_1+C=0$. 注意到点 P 的齐次坐标为 $(tx_1,ty_1,\ t)$, $t\neq 0$, 满足方程 $Ax+By+Cz=0$, 而 l 上无穷远点的坐标 $(-B,A,0)$ 也满足这个方程. 反过来, 设 $(x_1,y_1,\ z_1)$(其中 $x_1,y_1,\ z_1$ 不全为 0)满足方程 $Ax+By+Cz=0$, 当 $z_1\neq 0$ 时, $A\dfrac{x_1}{z_1}+B\dfrac{y}{z_1}+C=0$, 即 $\left(\dfrac{x_1}{z_1},\dfrac{y}{z_1}\right)$满足方程 $Ax+By+C=0$, $(x_1,y_1,\ z_1)$ 是直线 l 上的普通点; 当 $z_1=0$ 时, $Ax_1+By_1=0$, x_1,y_1 不全为 0, 且与 $(-B,A)$ 对应成比例, 即 $(x_1,y_1,\ z_1)$ 是直线 l 上的无穷远点. 于是, 射影平面内的任意一条非无穷远直线 l 的方程为 $Ax+By+Cz=0$, 其中 A,B 不同时为 0.

由于射影平面上的无穷远点的齐次坐标为 $(x,y,0)$, 其中 x,y 不全为 0, 因而, 无穷远直线的方程为 $z=0$.

至此, 我们已经得到了射影平面上射影直线的齐次坐标形式, 即 $Ax+By+Cz=0$, 其中 A,B,C 不同时为 0. $[A,B,C]$ 称为射影直线的**齐次线坐标**. 于是, 任意三个不同时为 0 的有序实数组 A,B,C 决定了一条射影直线, 这条射影直线上的点的齐次点坐标满足方程 $Ax+By+Cz=0$, 反之, 满足方程的任意一组解 (x_0,y_0,z_0)

是该射影直线上的点的齐次坐标.

设 $[A,B,C]$ 为一条射影直线的齐次线坐标, 则方程 $Ax+By+Cz=0$ (其中 A,B,C 不同时为 0) 称为**线方程**.

显然, 在射影平面上, 设 (x_0,y_0,z_0) 是一个点的齐次点坐标, 则过该点的所有射影直线的齐次线坐标满足方程 $x_0x+y_0y+z_0z=0$, 反之, 满足方程的任意一组解 $[A,B,C]$ 是过该点的射影直线的齐次线坐标.

设 (x_0,y_0,z_0) 是一个点的齐次点坐标, 则方程 $x_0x+y_0y+z_0z=0$(其中 x_0,y_0,z_0 不同时为 0) 称为**点方程**.

利用齐次坐标不仅顺利表达出射影直线上的点与直线, 而且可以看出, 射影平面上的齐次点坐标与齐次线坐标有着一致的形式, 这说明在射影平面上, 点与直线成为完全平等的两个概念, 称为**对偶元素**. 将一个图形中的点和线分别换成它的对偶元素, 构成原图形的**对偶图形**, 比如, 点列和线束就是对偶图形. "点共线" 与 "线共点" 称为**对偶性质**.

一般地, 设 P 是一个命题, 只涉及射影不变性质, 将其中的点、射影直线及其关系变为相应的对偶元素和对偶性质, 得到一个新命题 P', 称为 P 的**对偶命题**.

对偶原则　在射影几何里, 一个命题成立, 则它的对偶命题也成立.

3.2 对偶命题

定理 3.1　设 $A(x_1, y_1, z_1)$, $B(x_2, y_2, z_2)$ 与 $C(x_3, y_3, z_3)$ 是射影平面上的三个点, 则 A, B, C 共线的充分必要条件是

$$\begin{vmatrix} x_1 & y_1 & z_1 \\ x_2 & y_2 & z_2 \\ x_3 & y_3 & z_3 \end{vmatrix} = 0.$$

证明　设 $[a, b, c]$(其中 a, b, c 不同时为 0) 是点 A, B, C 所在的直线的齐次线坐标, 于是其齐次点坐标满足关于 a, b, c 的三元线性齐次方程组:

$$\begin{cases} ax_1 + by_1 + cz_1 = 0, \\ ax_2 + by_2 + cz_2 = 0, \\ ax_3 + by_3 + cz_3 = 0. \end{cases} \tag{3.1}$$

(3.1) 有非零解的充分必要条件是 $\begin{vmatrix} x_1 & y_1 & z_1 \\ x_2 & y_2 & z_2 \\ x_3 & y_3 & z_3 \end{vmatrix} = 0$. 证毕.

由对偶原理, 立即得下面的对偶命题:

定理 3.2 设 $l[x_1, y_1, z_1]$, $m[x_2, y_2, z_2]$ 与 $n[x_3, y_3, z_3]$ 是射影平面上的三条射影直线, 则 l, m, n 共点的充分必要条件是

$$\begin{vmatrix} x_1 & y_1 & z_1 \\ x_2 & y_2 & z_2 \\ x_3 & y_3 & z_3 \end{vmatrix} = 0.$$

定理 3.3 设 $A(x_1, y_1, z_1)$, $B(x_2, y_2, z_2)$ 是两个不同的点, 则点 $C(x_3, y_3, z_3)$ 在直线 AB 上的充分必要条件是: 存在两个不全为 0 的实数 μ 和 λ, 使得 $x_3 = \mu x_1 + \lambda x_2, y_3 = \mu y_1 + \lambda y_2, z_3 = \mu z_1 + \lambda z_2$, 简记为 $C = \mu A + \lambda B$.

证明 充分性由行列式的性质及定理 3.1 立得, 下面证明必要性.

点 C 在直线 AB 上, 则

$$\begin{vmatrix} x_1 & x_2 & x_3 \\ y_2 & y_2 & y_3 \\ z_3 & z_2 & z_3 \end{vmatrix} = \begin{vmatrix} x_1 & y_1 & z_1 \\ x_2 & y_2 & z_2 \\ x_3 & y_3 & z_3 \end{vmatrix} = 0,$$

即关于 a, b, c 的三元齐次方程组

$$\begin{cases} ax_1 + bx_2 + cx_3 = 0, \\ ay_1 + by_2 + cy_3 = 0, \\ az_1 + bz_2 + cz_3 = 0 \end{cases}$$

有非零解. 设 $[A, B, C]$ 是这个方程组的一个非零解, 我们断言 $C \neq 0$, 从而 $x_3 = -\frac{A}{C}x_1 + \frac{B}{C}x_2$, $y_3 = -\frac{A}{C}y_1 + \frac{B}{C}y_2$, $z_3 = -\frac{A}{C}z_1 + \frac{B}{C}z_2$, 令 $\mu = -\frac{A}{C}$, $\lambda = \frac{B}{C}$, 再注意到 x_3, y_3, z_3 不同时为 0 即得证命题.

实际上, 如果 $C = 0$, 则 A, B 中至少有一个不为 0, 不妨设 $A \neq 0$, 则 $x_1 = -\frac{B}{A}x_2$, $y_1 = -\frac{B}{A}y_2$, $z_1 = -\frac{B}{A}z_2$, $A(x_1, y_1, z_1)$, $B(x_2, y_2, z_2)$ 同一个点, 这是个矛盾. 证毕.

定理 3.3 的对偶命题是:

定理 3.4 设 $l\ [x_1, y_1, z_1]$, $m[x_2, y_2, z_2]$ 是两条不同的射影直线, 则射影直线 $n[x_3, y_3, z_3]$ 与 l, n 共点的充分必要条件是: 存在两个不全为 0 的实数 μ 和 λ, 使得

$x_3 = \mu x_1 + \lambda x_2$, $y_3 = \mu y_1 + \lambda y_2, z_3 = \mu z_1 + \lambda z_2$, 简记为 $n = \mu l + \lambda m$.

定理 3.5 设 $A(x_1, y_1, z_1)$, $B(x_2, y_2, z_2)$, $C(x_3, y_3, z_3)$, $D(x_4, y_4, z_4)$ 是同一射影直线上的 4 个不同的点, 并且 $C = \mu A + \lambda B$, $D = \mu' A + \lambda' B$, 则

$$(ABCD) = \frac{\frac{\lambda}{\mu}}{\frac{\lambda'}{\mu'}} = \frac{\lambda\mu'}{\mu\lambda'}.$$

证明 若 A, B 是两个普通点, 则可设 $z_1 = z_2 = 1$, 这样 $C(\mu x_1 + \lambda x_2, \mu y_1 + \lambda y_2, \mu + \lambda)$, $D(\mu' x_1 + \lambda' x_2, \mu' y_1 + \lambda' y_2, \mu' + \lambda')$. C, D 不能都是无穷远点, 即 $\mu + \lambda$, $\mu' + \lambda'$ 不能同时为 0, 否则 C, D 决定一条无穷远直线, A, B 是两个无穷远点, 这是矛盾. 于是, 只有两种情形, C, D 都不是无穷远点, 或者 C, D 中有一个是无穷远点, 不妨设为 D.

(1) 在前一情形, $C\left(\frac{\mu x_1 + \lambda x_2}{\mu + \lambda}, \frac{\mu y_1 + \lambda y_2}{\mu + \lambda}, 1\right)$, $D\left(\frac{\mu' x_1 + \lambda' x_2}{\mu' + \lambda'}, \frac{\mu' y_1 + \lambda' y_2}{\mu' + \lambda'}, 1\right)$.

注意到在普通直角坐标平面 (仿射坐标平面) 中, $(ABCD) = (A'B'C'D')$, 如图 3.2 所示.

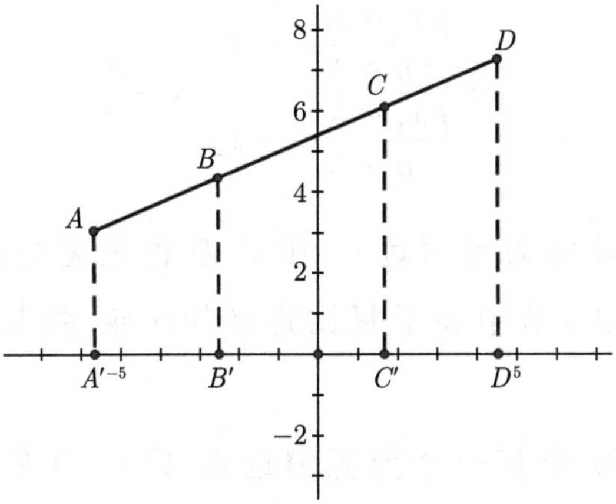

图 3.2

于是, 有

$$(ABCD) = (A'B'C'D') = \frac{(A'B'C')}{(A'B'D')} = \frac{A'C' \cdot B'D'}{B'C' \cdot A'D'}$$

$$= \frac{\left(\dfrac{\mu x_1 + \lambda x_2}{\mu + \lambda} - x_1\right)\left(\dfrac{\mu' x_1 + \lambda' x_2}{\mu' + \lambda'} - x_2\right)}{\left(\dfrac{\mu x_1 + \lambda x_2}{\mu + \lambda} - x_2\right)\left(\dfrac{\mu' x_1 + \lambda' x_2}{\mu' + \lambda'} - x_1\right)}$$

$$= \frac{\lambda(x_2 - x_1)\mu'(x_1 - x_2)}{\mu(x_1 - x_2)\lambda'(x_2 - x_1)} = \frac{\lambda\mu'}{\mu\lambda'}.$$

(2) 在后一情形, $\mu' + \lambda' = 0$, $\mu' = -\lambda'$.

$$(ABCD) = (ABC) = \frac{AC}{BC}$$

$$=\frac{\dfrac{\mu x_1+\lambda x_2}{\mu+\lambda}-x_1}{\dfrac{\mu x_1+\lambda x_2}{\mu+\lambda}-x_2}=-\frac{\lambda}{\mu}.$$

若 A,B 均为无穷远点, 则 C,D 也是无穷远点, 这是可以利用 2.3 节中关于复比定义的讨论, 将其归结为第二种情形.

若 A,B 中有一个为无穷远点, 则 C,D 只能是普通点, 直接归结为第二种情形. 证毕.

定理 3.5 的对偶命题是:

定理 3.6 设 $l[x_1,y_1,z_1]$, $m[x_2,y_2,z_2]$, $n[x_3,y_3,z_3]$, $k[x_4,y_4,z_4]$ 是同一射影直线上的 4 条不同的射影直线, 并且 $n=\mu l+\lambda m$, $k=\mu' l+\lambda' m$, 则

$$(lmnk)=\frac{\dfrac{\lambda}{\mu}}{\dfrac{\lambda'}{\mu'}}=\frac{\lambda\mu'}{\mu\lambda'}.$$

3.3 射影变换的代数形式

以上述定理为基础, 可以得到以下重要定理:

定理 3.7 射影平面 α 上由

$$\begin{cases} x' = a_{11}x + a_{12}y + a_{13}z, \\ y' = a_{21}x + a_{22}y + a_{23}z, \\ z' = a_{31}x + a_{32}y + a_{33}z, \end{cases}$$

其中 $\begin{vmatrix} a_{11} & a_{12} & a_{13} \\ a_{21} & a_{22} & a_{23} \\ a_{31} & a_{32} & a_{33} \end{vmatrix} \neq 0$ 确定的点变换是射影变换. 反之, 射影平面 α 上的射影变换都具有这样的形式.

证明 由 $\begin{vmatrix} a_{11} & a_{12} & a_{13} \\ a_{21} & a_{22} & a_{23} \\ a_{31} & a_{32} & a_{33} \end{vmatrix} \neq 0$ 及线性方程组的知识知

$$\begin{cases} x' = a_{11}x + a_{12}y + a_{13}z, \\ y' = a_{21}x + a_{22}y + a_{23}z, \\ z' = a_{31}x + a_{32}y + a_{33}z \end{cases}$$

决定的点变换是射影平面 α 上的 1-1 映射, 再由定理 2.5, 要证明这个变换是射影变换, 只需要证明其具备同素性、结合性,并保持复比.

设 $A(x_1, y_1, z_1)$, $B(x_2, y_2, z_2)$ 是两个不同的点,点 $C(x_3, y_3, z_3)$ 在直线 AB 上,由定理 3.3, $C=\mu A+\lambda B$. 经过上式的变换,点 A 变为

$$A'(a_{11}x_1+a_{12}y_1+a_{13}z_1, a_{21}x_1+a_{22}y_1+a_{23}z_1, a_{31}x_1+a_{32}y_1+a_{33}z_1),$$

点 B 变为

$$B'(a_{11}x_2+a_{12}y_2+a_{13}z_2, a_{21}x_2+a_{22}y_2+a_{23}z_2, a_{31}x_2+a_{32}y_2+a_{33}z_2),$$

点 C 变为 $C'(c_1, c_2, c_3)$, 其中

$$\begin{aligned} c_1 &= a_{11}(\mu x_1+\lambda x_2)+a_{12}(\mu y_1+\lambda y_2)+a_{13}(\mu z_1+\lambda z_2) \\ &= \mu(a_{11}x_1+a_{12}y_1+a_{13}z_1)+\lambda(a_{11}x_2+a_{12}y_2+a_{13}z_2), \\ c_2 &= a_{21}(\mu x_1+\lambda x_2)+a_{22}(\mu y_1+\lambda y_2)+a_{23}(\mu z_1+\lambda z_2) \\ &= \mu(a_{21}x_1+a_{22}y_1+a_{23}z_1)+\lambda(a_{21}x_2+a_{22}y_2+a_{23}z_2), \\ c_3 &= a_{31}(\mu x_1+\lambda x_2)+a_{32}(\mu y_1+\lambda y_2)+a_{33}(\mu z_1+\lambda z_2) \\ &= \mu(a_{11}x_1+a_{12}y_1+a_{13}z_1)+\lambda(a_{31}x_2+a_{32}y_2+a_{33}z_2), \end{aligned}$$

即 $C'=\mu A'+\lambda B'$. 这就证明了同素性和结合性.

再设点 $D(x_4, y_4, z_4)$ 也在直线 AB 上,可设 $D=\mu' A+\lambda' B$, 于是由前面的证明,点 D 讲过上式变换后的点 $D'=\mu' A'+\lambda' B'$. 由定理 3.5,

$$(ABCD)=\frac{\dfrac{\lambda}{\mu}}{\dfrac{\lambda'}{\mu'}}=\frac{\lambda\mu'}{\mu\lambda'}=(A'B'C'D').$$

设射影变换 ξ 将 $A(0,0,1)$, $B(1,0,1)$, $C(0,1,1)$, $D(1,1,1)$ 变为 $A'(tx_1,ty_1,tz_1)$, $B'(ux_2,uy_2,uz_2)$, $C'(vx_3,vy_3,vz_3)$, $D'(wx_4,wy_4,wz_4)$, 其中, t,u,v,w 均不为 0.

由于 A,B,C,D 中任意三点不共线. 将这些点的坐标代入

$$\begin{cases} x'=a_{11}x+a_{12}y+a_{13}z,\\ y'=a_{21}x+a_{22}y+a_{23}z,\\ z'=a_{31}x+a_{32}y+a_{33}z \end{cases}$$

中, 分别得到

$$\begin{cases} tx_1=a_{13},\\ ty_1=a_{23},\\ tz_1=a_{33}, \end{cases}\qquad \begin{cases} ux_2=a_{11}+a_{13},\\ uy_2=a_{21}+a_{23},\\ uz_2=a_{31}+a_{33}, \end{cases}$$

$$\begin{cases} vx_3=a_{12}+a_{13},\\ vy_3=a_{22}+a_{23},\\ vz_3=a_{32}+a_{33}, \end{cases}\qquad \begin{cases} wx_4=a_{11}+a_{12}+a_{13},\\ wy_4=a_{21}+a_{22}+a_{23},\\ wz_4=a_{31}+a_{32}+a_{33}, \end{cases}$$

即

$$\begin{cases} a_{13} = tx_1, \\ a_{23} = ty_1, \\ a_{33} = tz_1, \end{cases} \quad \begin{cases} a_{11} = tx_1 - ux_2, \\ a_{21} = ty_1 - uy_2, \\ a_{31} = tz_2 - uz_2, \end{cases} \quad \begin{cases} a_{12} = tx_1 - vx_3, \\ a_{22} = ty_1 - vy_3, \\ a_{32} = tz_1 - vz_3, \end{cases}$$

于是

$$\begin{cases} wx_4 = 2tx_1 - ux_2 - vx_3, \\ wy_4 = 2ty_1 - uy_2 - vy_3, \\ wz_4 = 2tz_1 - uz_2 - vz_3, \end{cases}$$

整理得

$$\begin{cases} x_4 = \dfrac{2t}{w}x_1 - \dfrac{u}{w}x_2 - \dfrac{v}{w}x_3, \\ y_4 = \dfrac{2t}{w}y_1 - \dfrac{u}{w}y_2 - \dfrac{v}{w}y_3, \\ z_4 = \dfrac{2t}{w}z_1 - \dfrac{u}{w}z_2 - \dfrac{v}{w}z_3. \end{cases}$$

令 $\alpha = \dfrac{2t}{w}, \beta = -\dfrac{u}{w}, \gamma = -\dfrac{v}{w}$, 则

$$\begin{cases} x_4 = \alpha x_1 + \beta x_2 + \lambda x_3, \\ y_4 = \alpha y_1 + \beta y_2 + \gamma y_3, \\ z_4 = \alpha z_1 + \beta z_2 + \gamma z_3. \end{cases} \tag{3.2}$$

因为 A,B,C 不共线, ξ 是射影变换, $\xi(A)=A',\xi(B)=B',\xi(C)=C'$ 也不共线, 由定理 3.1, 有 $\begin{vmatrix} x_1 & x_2 & x_3 \\ y_1 & y_2 & y_3 \\ z_1 & z_2 & z_3 \end{vmatrix} \neq 0$, 所以式 (3.2) 有唯一一组解, 不妨就设为 α,β,γ. 令 $w=1$, $t=\frac{1}{2}\alpha,u=-\beta,v=-\gamma$, 从而

$$\begin{cases} a_{13}=\frac{1}{2}\alpha x_1, \\ a_{23}=\frac{1}{2}\alpha y_1, \\ a_{33}=\frac{1}{2}\alpha z_1, \end{cases} \quad \begin{cases} a_{11}=\frac{1}{2}\alpha x_1+\beta x_2, \\ a_{21}=\frac{1}{2}\alpha y_1+\beta y_2, \\ a_{31}=\frac{1}{2}\alpha z_2+\beta z_2, \end{cases} \quad \begin{cases} a_{12}=\frac{1}{2}\alpha x_1+\gamma x_2, \\ a_{22}=\frac{1}{2}\alpha y_1+\gamma y_2, \\ a_{32}=\frac{1}{2}\alpha z_2+\gamma z_2 \end{cases}$$

被唯一确定, 而且

$$\begin{vmatrix} a_{11} & a_{12} & a_{13} \\ a_{21} & a_{22} & a_{23} \\ a_{31} & a_{32} & a_{33} \end{vmatrix} = \begin{vmatrix} \frac{1}{2}\alpha x_1 & \frac{1}{2}\alpha x_1+\beta x_2 & \frac{1}{2}\alpha x_1+\gamma x_3 \\ \frac{1}{2}\alpha y_1 & \frac{1}{2}\alpha y_1+\beta y_2 & \frac{1}{2}\alpha y_1+\gamma y_3 \\ \frac{1}{2}\alpha z_1 & \frac{1}{2}\alpha z_1+\beta z_2 & \frac{1}{2}\alpha z_1+\gamma z_3 \end{vmatrix}$$

$$= \frac{1}{2}\alpha\beta\lambda \begin{vmatrix} x_1 & x_2 & x_3 \\ y_1 & y_2 & y_3 \\ z_1 & z_2 & z_3 \end{vmatrix} \neq 0.$$

故射影变换 ξ 具有题设所述形式. 证毕.

3.4 调和分割与复比的初步应用

3.4.1 调和分割

设 A, B, C, D 是射影直线 l 上的 4 个不同点, 如果 $(ABCD) = -1$, 则称 A, B, C, D 为一个**调和点列**, 或者说 A, B 被 C, D **调和分割**. 特别地, 若 D 是一个无穷远点, 则 $(ABCD)=(ABC)=-1$, 即 C 为线段 AB 的中点.

类似地, 设 l, m, n, k 是射影平面上过点 S 的 4 条不同射影直线, 如果 $(lmnk) = -1$, 则称 l, m, n, k 为一个**调和线束**, 或者说 l, m 被 n, k **调和分割**.

定理 3.8 一个角的两边与这个角的内外角平分线构成调和线束.

证明 设直线 ED, EC 分别是 $\angle AEC$ 的内外角平分线. 过 A 作直线 AB 交 EA 于 A, 交 EB 于 B, 交 EC 于 C,

交 ED 于 D_∞, 如图 3.3 所示. 于是, $(EA,EC,EB,ED)=(ACBD_\infty)$, 注意到 EB 是 $\angle AEC$ 的内角平分线, EB 垂直于 AC, B 是 AC 的中点, 从而 $(ACBD_\infty)=(ACB)=-1$. 证毕.

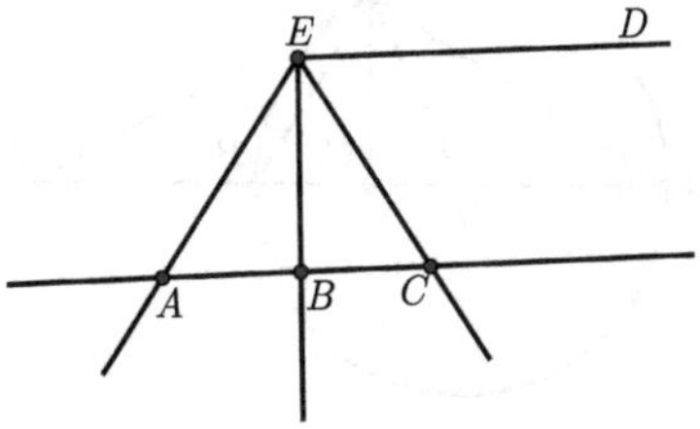

图 3.3

推论 3.1 过 AB 延长线上一点 D, 作以 AB 为直径的圆的切线, 设切点为 E, 过 E 作 AB 的垂线, 垂足为 C, 则 A,B 被 C,D 调和分割 (图 3.4).

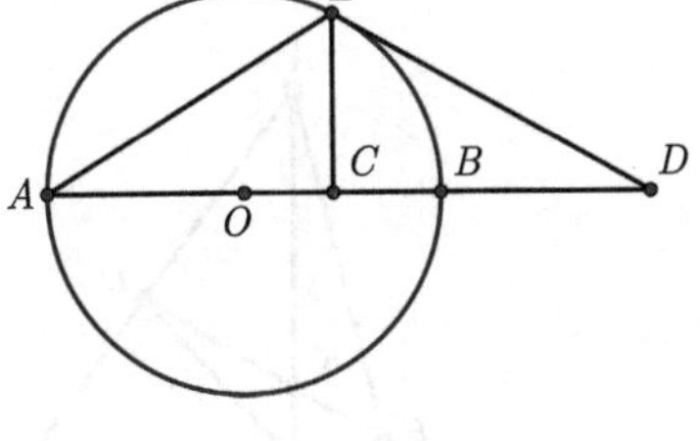

图 3.4

证明 如图 3.5 所示, 连接 EO, EB, 注意到 $\angle AEB=\angle OED=90^\circ$, 易知 EB, AE 是分别是 $\angle CED$ 的内外

角平分线, 由定理 3.8, $(CDBA) = -1$, 从而 $(ABCD) = \dfrac{1}{(CDBA)} = -1$. 证毕.

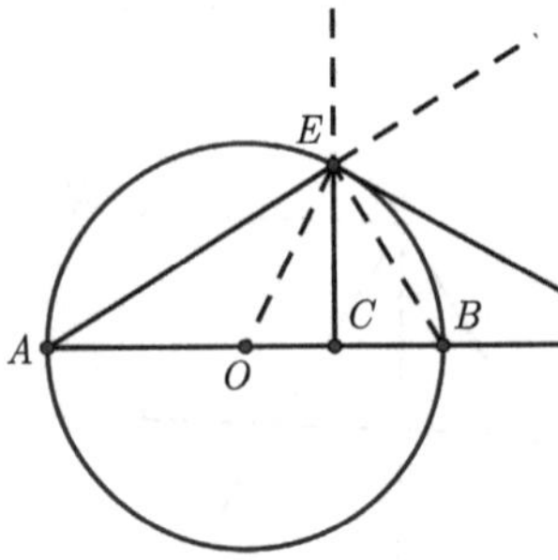

图 3.5

定理 3.9 设 A, B, C, D 是射影平面上的 4 个不同点, 满足任意三点不共线, AB 交 CD 于 F, AD 交 BC 于 H, AC 交 FH 于 G, DB 交 FH 于 E, AC 交 DB 于 K(图 3.6), 则 $(FHGE) = (DBKE) = (ACKG) = -1$.

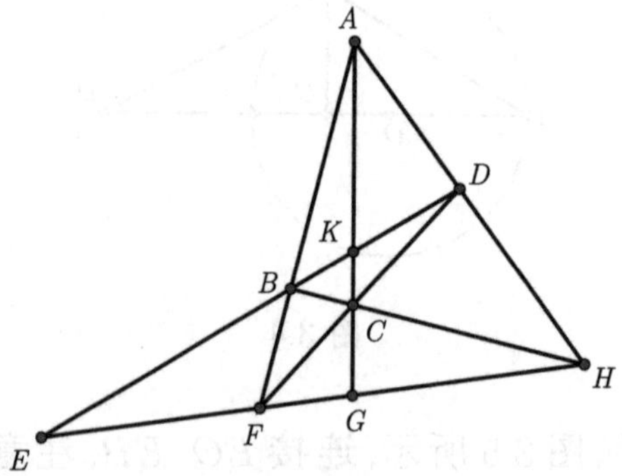

图 3.6

证明 考虑以 C 为中心的线束, 有

$$(FHGE)=(DBKE),$$

以 A 为中心的线束, 有 $(FHGE)=(BDKE)$,

$$(DBKE)=\frac{1}{(BDKE)},$$

于是$(FHGE)^2=1$, 若 $(FHGE)=1$, 则$(DBKE)=\dfrac{(DBK)}{(DBE)}=1$, $(DBK)=(DBE)$, K 与 E 重合, 这是个矛盾. 从而 $(FHGE)=(DBKE)=-1$. 同理可证 $(FHGE)=(ACKG)=-1$. 证毕.

推论 3.2 设 D 是圆 O 外一点, l 是点 D 关于圆 O 的极线, 过 D 的直线交圆 O 于 AB, 交直线 l 于 C(图 3.7), 则 A,B 被 C,D 调和分割.

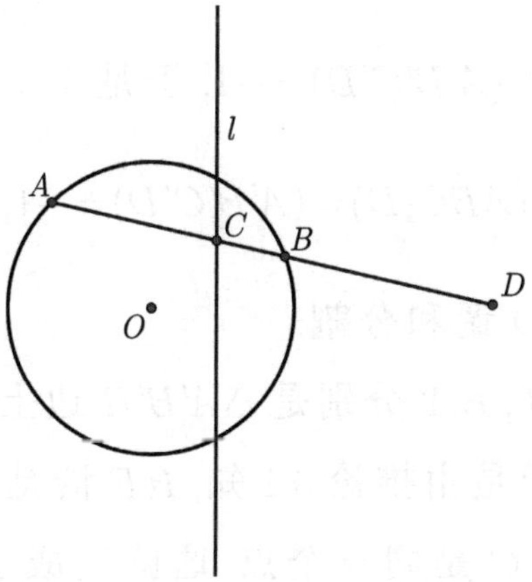

图 3.7

证明 连接 OD, 交圆 O 于 A', B'. 连接 AA', BB', 设 AA' 与 BB' 交于 H, 连接 AB', BA', 设 AB' 与 BA' 交于 F, 连接 HF 分别交 AB,OD 于 C', D', 如图 3.8 所示.

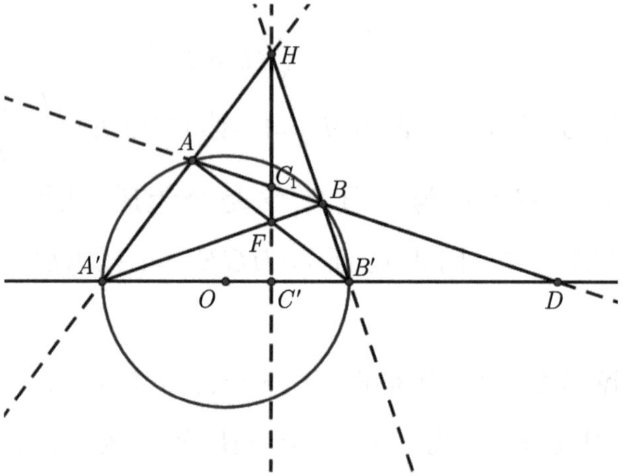

图 3.8

由定理 3.9, $(A'B'C'D)=-1$, 于是

$$(ABC_1D)=(A'B'C'D)=-1,$$

即 A,B 被 C_1,D 调和分割.

注意到 AB', BA' 分别是 $\triangle A'B'H$ 边上的高, 从而 HF 垂直于 $A'B'$, 于是由推论 3.1 知, HF 恰是点 D 关于圆 O 的极线 l, C_1 与 C 是同一个点, 这就完成了证明. 证毕.

由射影变换的性质, 可以立即得到:

推论 3.3 设 D 是圆锥曲线 Ω 外一点, l 是点 D 关于圆锥曲线 Ω 的极线, 过 D 的直线交圆锥曲线 Ω 于 AB, 交直线 l 于 C(图 3.7), 则 A, B 被 C, D 调和分割.

利用调和分割和推论 3.3, 可以方便地证明关于圆锥曲线有关命题.

例 3.1 如图 3.9 所示, 设 Ω 是中心为 O 的椭圆或双曲线, P 是 Ω 外一点, 过 P 作 Ω 的两条切线, 设切点为 A, B, AB 和 OP 交于 C, 证明: $|AC| = |BC|$.

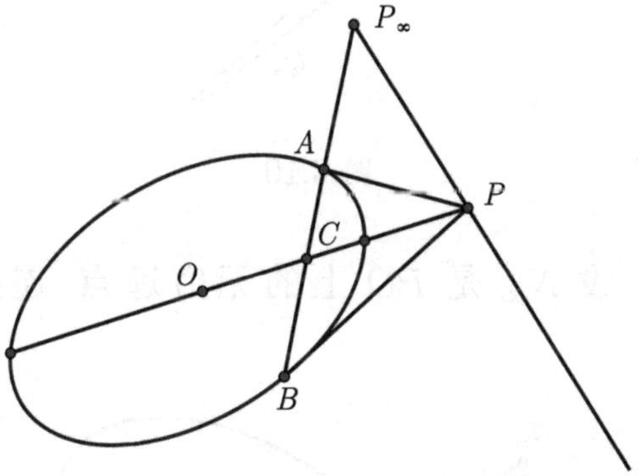

图 3.9

证明 AB 的极点为 P, 设 AB 上的无穷远点为 P_∞, P_∞ 的极线过点 C, 点 O 的极线是无穷远直线, 则 P_∞ 的极线过 O 点, 因此, P_∞ 的极线恰为 OC. 由推论 3.3, $(BACP_\infty) = -1$, 从而, $(BACP_\infty) = (BAC) = -1$, C 是 AB

的中点. 证毕.

例 3.2 如图 3.10 所示, 过双曲线 Ω 上一点 M 作 Ω 的切线与 Ω 的两条渐近线交于 P, Q 两点. 求证: $|PM| = |MQ|$.

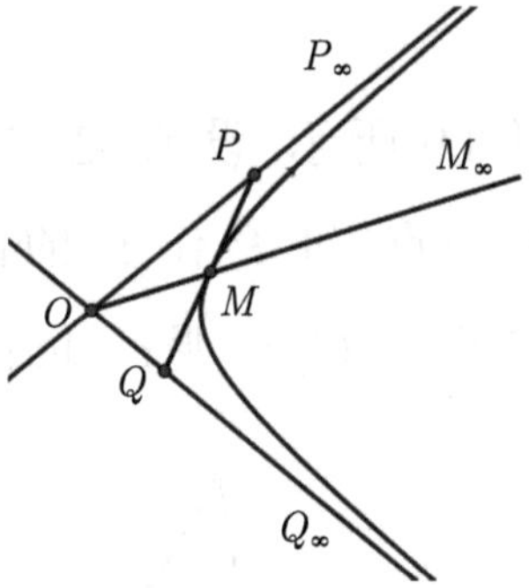

图 3.10

证明 设 N_∞ 是 PQ 上的无穷远点, 连接 ON_∞, 如图 3.11 所示.

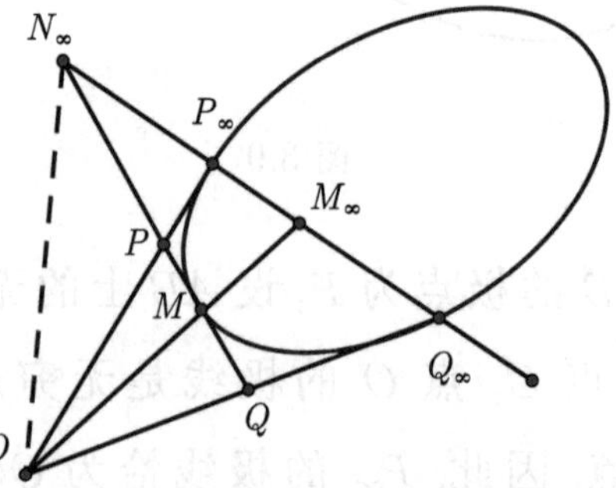

图 3.11

O 是 Ω 的中心, O 的极线是无穷远直线, 则 N_∞ 的极线过点 O. M 的极线是 PQ, N_∞ 在 PQ 上, 因而 N_∞ 的极线也过点 M, 于是 OM 是 N_∞ 的极线. 由推论 3.3, 有 $(Q_\infty P_\infty M_\infty N_\infty)=-1$, 而 $(QPMN_\infty)=(Q_\infty P_\infty M_\infty N_\infty)=-1$, $(QPM)=-1$, 所以 M 是 PQ 的中点. 证毕.

练习 3.1 设直线 l 与双曲线 Ω 交于 A,B 两点, 与两条渐近线分别交于 Q,P, 如图 3.12 所示. 求证: $|BQ|=|PA|$.

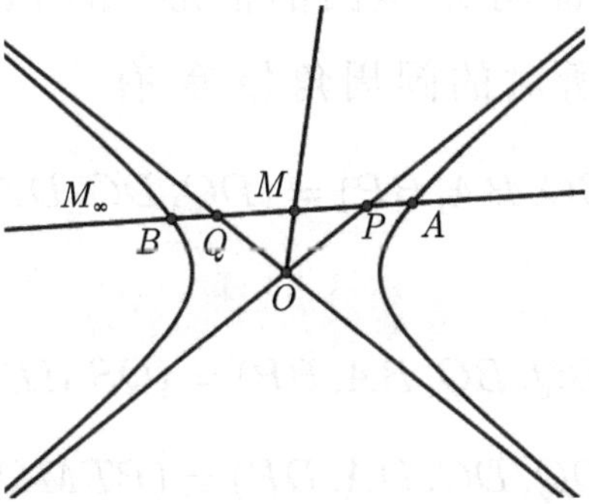

图 3.12

3.4.2 复比的初步应用

定理 3.10(蝴蝶定理) 如图 3.13 所示, 设 PQ 是圆锥曲线 Ω 的一条弦, M 是 PQ 的中点, 过 M 作 Ω 的任意两条弦 AB,CD, 连接 AD 交 PQ 为 T, 连接 CB 交 PQ

为 S, 则 $|PT| = |QS|$.

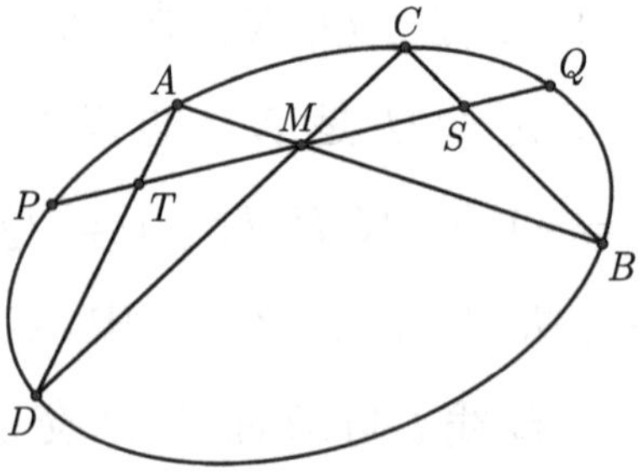

图 3.13

证明 先证明 Ω 是圆的情形, 如图 3.14 所示.

因为同弦所对的圆周角相等, 有

$$(BQ, BC, BA, BP) = (DQ, DC, DA, DP),$$

而

$$(BQ, BC, BA, BP) = (QSMP),$$

$$(DQ, DC, DA, DP) = (PTMQ),$$

于是 $(QSMP) = (PTMQ)$, 即

$$\frac{QM \cdot SP}{SM \cdot QP} = \frac{PM \cdot TQ}{TM \cdot PQ},$$

而 $QM = -PM, QP = -PQ$, 有 $\dfrac{SP}{SM} = \dfrac{TQ}{TM}$, 即

$$\frac{SM + MP}{SM} = \frac{TM + MS}{TM},$$

有 $\dfrac{MP}{SM}=\dfrac{MS}{TM}$, 但 $MP=-MS$, 故 $SM=-TM=TM$.

注意到射影变换保持复比不变, 因而对于圆锥曲线上述证明过程仍然成立. 证毕.

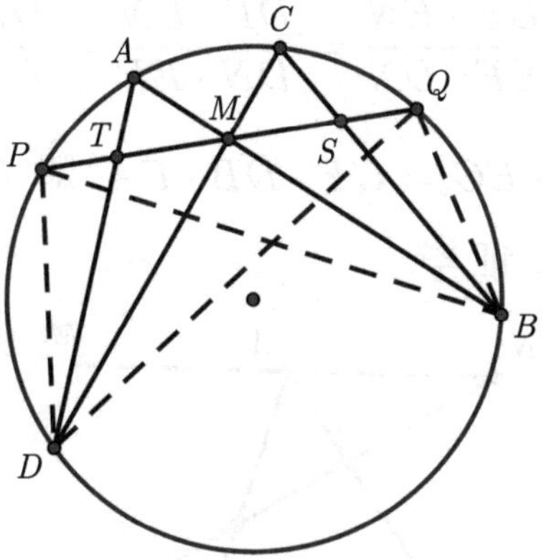

图 3.14

定理 3.11(梅涅劳斯定理) 如图 3.15 所示, 已知 $\triangle ABC$, 直线 DE 分别交三角形的三边 AB, AC, BC 及其延长线于 D, E, F, 则 $\dfrac{AD}{DB}\cdot\dfrac{BF}{FC}\cdot\dfrac{CE}{EA}=-1$.

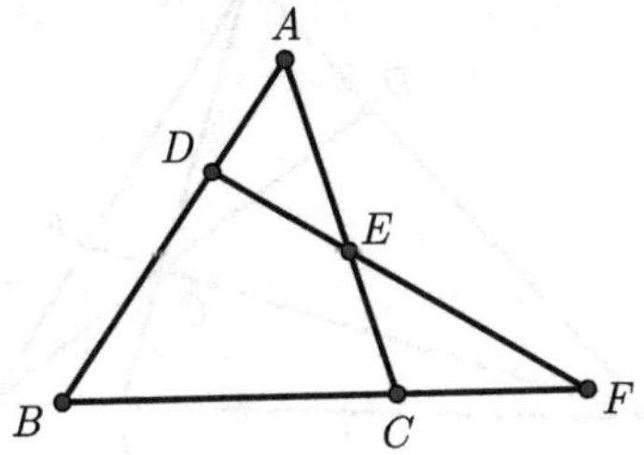

图 3.15

证明　过点 A 作 $AM//BC$, 设 AM 交 FD 于 N, AM 上的无穷远点为 M_∞, 如图 3.16 所示. 考虑以 A 为中心的线束, 有 $(DEFN)=(BCFM_\infty)=(BCF)$, 即

$$\frac{BF}{CF}=\frac{DF\cdot EN}{EF\cdot DN}=\frac{DF\cdot EN}{DN\cdot EF}=\frac{DB\cdot EA}{DA\cdot EC},$$

于是, $BF\cdot DA\cdot EC=CF\cdot DB\cdot EA$, 即 $BF\cdot AD\cdot CE=-FC\cdot DB\cdot EA$. 证毕.

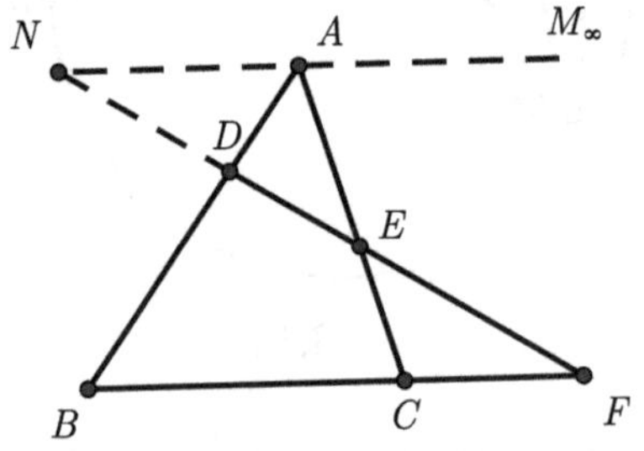

图 3.16

定理 3.12(锡瓦定理)　如图 3.17 所示, 已知 $\triangle ABC$,

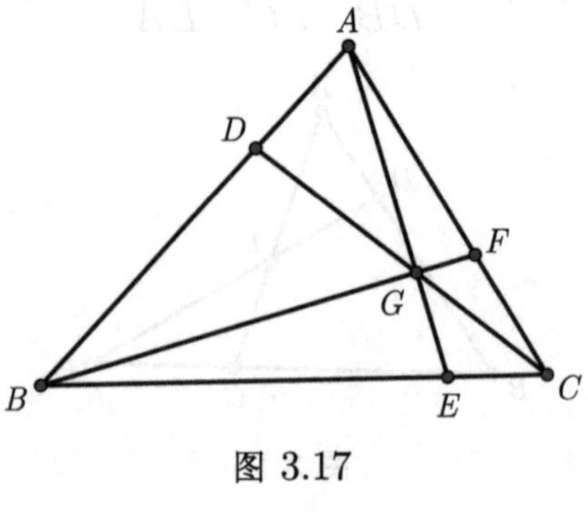

图 3.17

D,E,F 分别是 AB,BC,CA 上的点. 则 AE,BF,CD 共点当且仅当 $\dfrac{AD}{DB}\cdot\dfrac{BE}{EC}\cdot\dfrac{CF}{FA}=1$.

证明 设 BF 与 CD 交于 G, EF 与 BC 交于 H, AG 与 BC 交于 E'(图 3.18). 由定理 3.11, $\dfrac{AD}{DB}\cdot\dfrac{BH}{HC}\cdot\dfrac{CF}{FA}=-1$, 于是, 只需要证明 $\dfrac{BH}{HC}=-\dfrac{BE'}{E'C}$, 即 $(BCHE')=-1$, 而这由定理 3.9, 有 $(BCHE')=\dfrac{1}{(BCE'H)}=-1$. 证毕.

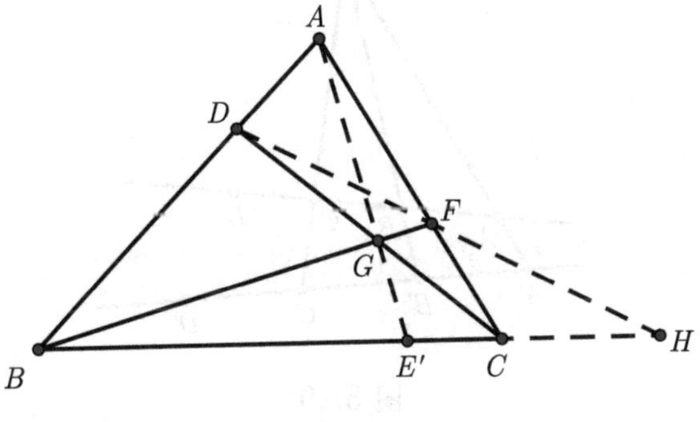

图 3.18

定理 3.13(德萨格定理) 设 $\triangle ABC$ 和 $\triangle A'B'C'$ 的对应顶点连线 AA', BB', CC' 交于一点, 则对应边的交点在一条直线上.

先证明以下两个引理.

引理 3.1 设 l,l' 是同一射影平面上的两条射影直线, A, B, C, D 是 l 上的四个点, A', B', C', D' 是 l' 上的四个点, AA', BB', CC' 交于一点 P, 则 DD' 过点 P 的充分必要条件是 $(ABCD) = (A'B'C'D')$.

证明 必要性是显然的, 以下证明充分性. 设直线 PD 与 l' 交于 E, 如图 3.19 所示, 则 $(ABCD) = (A'B'C'E)$, 于是 $(A'B'C'D') = (A'B'C'E)$, $(A'B'D') = (A'B'E)$, D' 与 E 重合. 证毕.

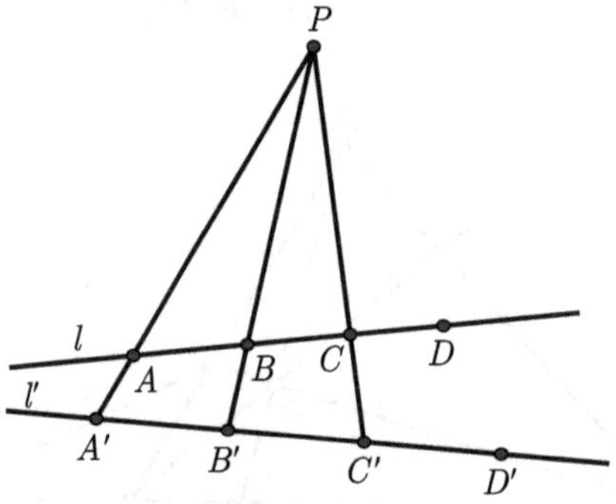

图 3.19

引理 3.2 设 l, l' 是同一射影平面上的两条射影直线, l 交 l' 于点 P. A, B, C, 是 l 上的三个点, A', B', C', 是 l' 上的三个点, 如果 $(PABC) = (PA'B'C')$, 则 AA', BB', CC' 交于一点.

证明 设 AA', BB' 交于 D, 连接 DP, 如图 3.20 所示. 因为 $(PABC) = (PA'B'C')$, 由引理 3.1, CC' 过点 D.

证毕.

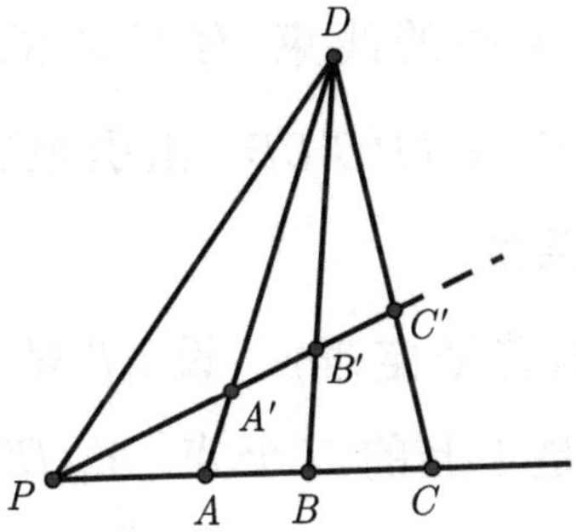

图 3.20

定理 3.13 的证明　设直线 XY 交 PA 于 K, 交 PB 于 L, 交 PC 于 M, 如图 3.21 所示.

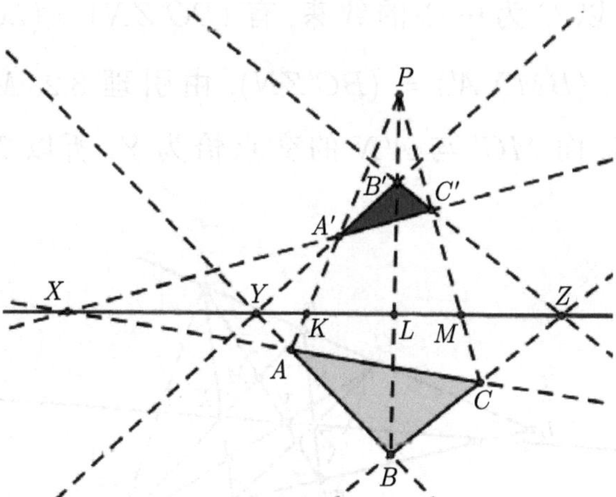

图 3.21

考虑以 X 为中心的线束, 有 $(PA'KA)=(PC'MC)$.

考虑以 Y 为中心的线束, 有 $(PA'KA)=(PB'LB)$.

于是, $(PC'MC)=(PB'LB)$, 由引理 3.2, $C'B', ML, CB$ 共点, 即 X,Y,Z 共线.

定理 3.14(帕普斯定理) 设 l, l' 是同一平面上的两条直线, A,B,C 是 l 上的三个点, A', B', C' 是 l' 上的三个点, AB' 与 $A'B$ 交于 X 点, AC' 与 $A'C$ 交于 Y 点, BC' 与 $B'C$ 交于 X 点, 则 X,Y,Z 在一条直线上.

证明 连接 CC', AA', 如图 3.22 所示.

考虑以 A 为中心的线束, 有 $(BMXA')=(LC'B'A')$.

考虑以 C 为中心的线束, 有 $(BC'ZN)=(LC'B'A')$.

于是, $(BMXA')=(BC'ZN)$, 由引理 3.2, MC', XZ, $A'N$ 共点, 而 MC' 与 $A'N$ 的交点恰为 Y, 所以 X,Y,Z 共线. 证毕.

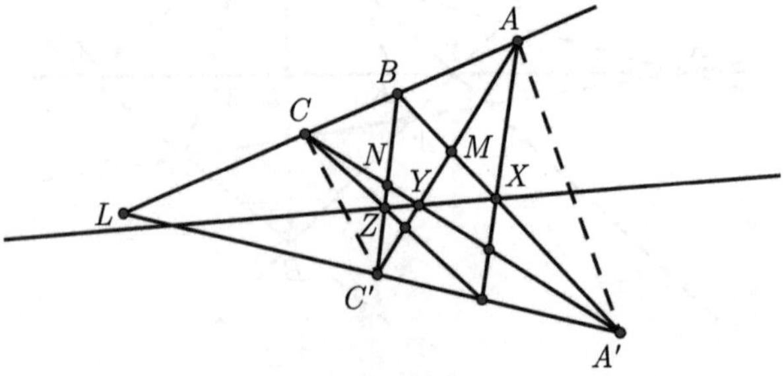

图 3.22

3.5 圆锥曲线的代数形式

我们知道在射影平面内引入齐次坐标后,射影直线的齐次坐标形式为 $Ax+By+Cz=0$, 其中 A,B,C 不同时为 0. 由定理 3.1, 由 $A(x_1,y_1,z_1)$, $B(x_2,y_2,z_2)$ 确定的射影直线上的点的齐次坐标 (x,y,z) 满足

$$\begin{vmatrix} x_1 & y_1 & z_1 \\ x_2 & y_2 & z_2 \\ x & y & z \end{vmatrix} = 0,$$

即 $Ax+By+Cz=0$, 其中

$$A=\begin{vmatrix} y_1 & z_1 \\ y_2 & z_2 \end{vmatrix}, \quad B=-\begin{vmatrix} x_1 & z_1 \\ x_2 & z_2 \end{vmatrix}, \quad C=\begin{vmatrix} x_1 & y_1 \\ x_2 & y_2 \end{vmatrix}.$$

圆锥曲线是否也可以有用齐次坐标表达的代数形式?我们先从圆开始,探讨圆锥曲线的一个重要的特征性质.

由圆心角定理,以及线束复比的性质,在如图 3.23 中所示的两个分别以 E,F 为中心的线束中, $(EA,EB,EC,ED)=(FA,FB,FC,FD)$. 反之,如果固定 A,B,C,D,E

五个点, 如果平面上有一个点 F 满足 $(EA,EB,EC,ED)=(FA,FB,FC,FD)$, 则 F 一定在圆周上.

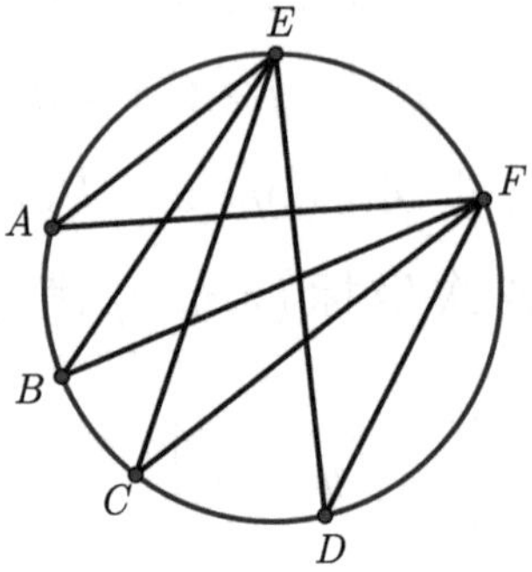

图 3.23

假设满足条件的点 F 不在圆周上, 不妨设 F 在圆外 (图 3.24). 连接 FA,FB,FC,FD, 则其中至少有一条圆的割线, 设为 FB, FB 交圆周于 N,B, 连接 A,D, 分别交

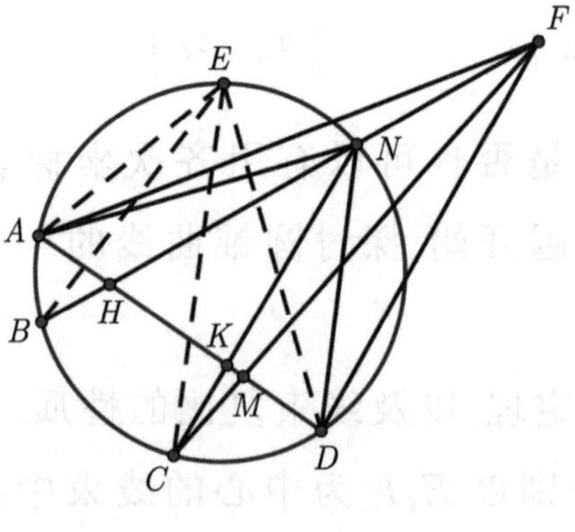

图 3.24

FB, FD 于 K, M 两点, 于是有 $(AHKD) = (AHMD)$, 但 K, M 是不同的两个点, 这是不可能的. F 在圆内的情形类似地可以证明.

由于射影变换保持复比, 于是圆的这个性质在圆锥曲线中仍然成立, 即如图 3.24 所示, 设 A, B, C, D, E, F 是圆锥曲线 Ω 上的六个点, 则 $(EA, EB, EC, ED) = (FA, FB, FC, FD)$. 反之, 如果固定 A, B, C, D, E 五个点, 如果平面上有一个点 F 满足 $(EA, EB, EC, ED) = (FA, FB, FC, FD)$, 则 F 一定在圆锥曲线 Ω 上.

A, B, C, E, F 是圆锥曲线上的点, 任意三点不共线, 由定理 2.4, 存在唯一的射影变换 ξ 将射影平面上不共线的 4 个点 A, B, C, E 变为任意指定的不共线的 4 个点 A, B, C, F, 进而, 由复比的不变性得 $\xi(ED) = \xi(FD)$, 即圆锥曲线上的点均为以 E 为中心的线束与以 F 为中心的线束在 ξ 决定的对应之下两条射影直线的交点.

在图 3.25 中, 不妨设射影直线 EA, EB 的线坐标分别为 $A_e = [A_{e1}, A_{e2}, A_{e3}]$, $B_e = [B_{e1}, B_{e2}, B_{e3}]$, 射影直线 FA, FB 的线坐标分别为 $A_f = [A_{f1}, A_{f2}, A_{f3}]$, $B_f = [B_{f1}, B_{f2}, B_{f3}]$, 由定理 3.4, 可设射影直线 EC, FC 的线坐标分别为 $A_e + B_e$, $A_f + B_f$, 射影直线 ED, FD 的线坐

标分别为 $A_e+\lambda B_e$, $A_f+\lambda' B_f$. 于是, 由定理 3.6, $(EA, EB, EC, ED)=\dfrac{1}{\lambda}$, $(FA, FB, FC, FD)=\dfrac{1}{\lambda'}$, 而 $(EA, EB, EC, ED)=(FA, FB, FC, FD)$, 因此, $\dfrac{1}{\lambda}=\dfrac{1}{\lambda'}$, $\lambda=\lambda'$. 于是, 射影直线 ED, FD 的线坐标分别为 $A_e+\lambda B_e$, $A_f+\lambda B_f$. 若设点 D 的齐次点坐标为 (x, y, z), 则

$$(A_{e1}+\lambda B_{e1})x+(A_{e2}+\lambda B_{e2})y+(A_{e3}+\lambda B_{e3})z=0, \quad (3.3)$$

$$(A_{f1}+\lambda B_{f1})x+(A_{f2}+\lambda B_{f2})y+(A_{f3}+\lambda B_{f3})z=0. \quad (3.4)$$

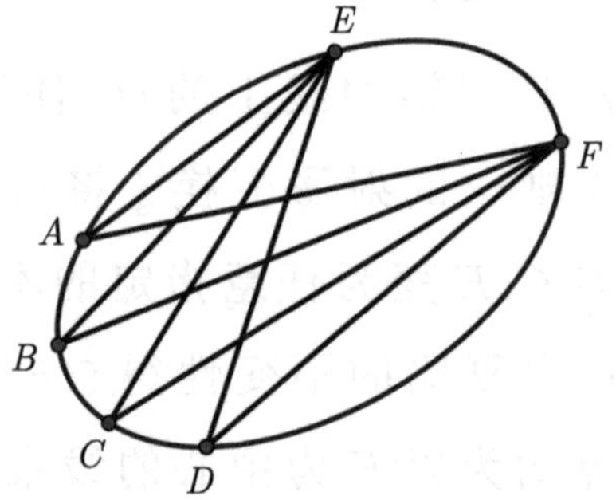

图 3.25

为消去 λ, 在 (3.3) 两端同乘以 $B_{f1}x+B_{f2}y+B_{f3}z$, 得

$$\begin{aligned}&(B_{f1}x+B_{f2}y+B_{f3}z)((A_{e1}+\lambda B_{e1})x\\&+(A_{e2}+\lambda B_{e2})y+(A_{e3}+\lambda B_{e3})z)=0.\end{aligned} \quad (3.5)$$

在 (3.4) 两端同乘以 $B_{e1}x+B_{e2}y+B_{e3}z$, 得

$$(B_{e1}x+B_{e2}y+B_{e3}z)((A_{f1}+\lambda B_{f1})x \\ +(A_{f2}+\lambda B_{f2})y+(A_{f3}+\lambda B_{f3})z)=0. \tag{3.6}$$

(3.5)–(3.6), 合并同类项, 得

$$C_{11}x^2+C_{22}y^2+C_{33}z^2+2C_{12}xy+2C_{13}xz+2C_{23}yz=0,$$

其中,

$$C_{11}=B_{f1}A_{e1}-B_{e1}A_{f1}, \quad C_{22}=B_{f2}A_{e2}-B_{e2}A_{f2},$$

$$C_{33}=B_{f3}A_{e3}-A_{f3}B_{e3}, \quad \cdots.$$

令 $C_{12}=C_{21}, C_{13}=C_{31}, C_{23}=C_{32}$, 则可以用矩阵的形式表示为

$$(x \quad y \quad z)\begin{pmatrix} C_{11} & C_{12} & C_{13} \\ C_{21} & C_{22} & C_{23} \\ C_{31} & C_{32} & C_{33} \end{pmatrix}\begin{pmatrix} x \\ y \\ z \end{pmatrix}=0. \tag{3.7}$$

三元二次齐次方程 (3.7) 就是射影几何中圆锥曲线的代数形式. 但在公式的推导过程中, 显然不能保证满足方程的点构成的图形总是一个圆锥曲线, 实际上, 如果分别以 E, F 为中心的线束按照如图 3.26 所示形成一个点束之间的对应, 则这个对应可以是一个中心射影的

一部分 (细节请读者补充), 于是, 射影直线 AB 上的点是轨迹的一部分, 又射影直线 EF 对应到自己, 从而其上每一个点都是包含在轨迹中, 这样式 (3.7) 表示的就是两条射影直线, 通常称为退化的圆锥曲线, 这时式 (3.7) 作为三元二次齐次方程一定可以分解为两个一次因式之积, 反之也是这样.

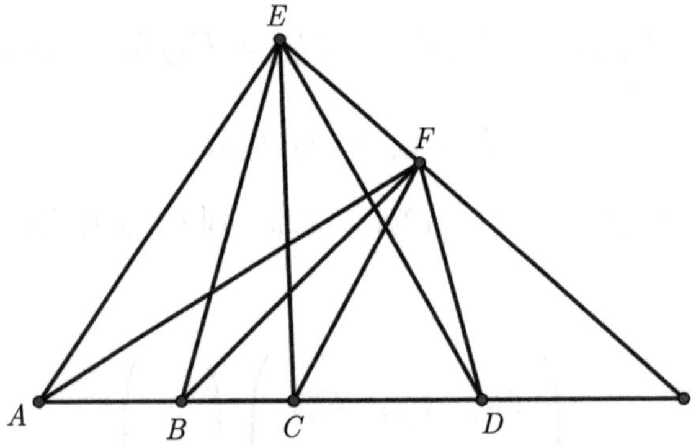

图 3.26

在射影平面中, 通常把由式 (3.7) 确定的所有点的集合称为一个**二阶曲线**.

同时, 式 (3.7) 的每一个解也可以看成线坐标, 于是由式 (3.7) 确定的所有直线的集合称为一个**二级曲线**.

至此, 对圆锥曲线的研究可以转化为对二阶曲线或二级曲线的研究. 代数工具的引入将会揭示出更多射影几何的美妙规律.本书的目标是通过直观的方式理解射影几何的基本内容、方法与思想,因此,代数工具的进一步应用不在这里详细介绍,更多的精彩内容留给读者去探索吧!

附录

行列式、线性方程组与矩阵

A.1 二阶行列式和二元线性方程组

二元线性方程组就是我们在初中学过的二元一次方程组, 即

$$\begin{cases} a_1x + b_1y = d_1, \\ a_2x + b_2y = d_2. \end{cases} \tag{A.1}$$

通过消元, 可得

$$(a_1b_2 - b_1a_2)x = d_1b_2 - b_1d_2,$$

$$(a_1b_2 - b_1a_2)y = a_1d_2 - d_1a_2.$$

若 $a_1b_2 - b_1a_2 \neq 0$, 则方程组 (A.1) 有唯一一组解

$$\begin{cases} x = \dfrac{d_1b_2 - b_1d_2}{a_1b_2 - b_1a_2}, \\ y = \dfrac{a_1d_2 - d_1a_2}{a_1b_2 - b_1a_2}. \end{cases}$$

从解析几何来看, 条件 $a_1b_2-b_1a_2\neq 0$ 说明直线 $a_1x+b_1y=d_1$ 与直线 $a_2x+b_2y=d_2$ 是相交直线, 从而有唯一的交点.

如果定义 $\begin{vmatrix} a & b \\ c & d \end{vmatrix}=ad-bc$, 则

$$\begin{cases} x=\dfrac{\begin{vmatrix} d_1 & b_1 \\ d_2 & b_2 \end{vmatrix}}{\begin{vmatrix} a_1 & b_1 \\ a_2 & b_2 \end{vmatrix}}, \\ y=\dfrac{\begin{vmatrix} a_1 & d_1 \\ a_2 & d_2 \end{vmatrix}}{\begin{vmatrix} a_1 & b_1 \\ a_2 & b_2 \end{vmatrix}}. \end{cases}$$

如果记 $D=\begin{vmatrix} a_1 & b_1 \\ a_2 & b_2 \end{vmatrix}, D_x=\begin{vmatrix} a_1 & b_1 \\ a_2 & b_2 \end{vmatrix}, D_y=\begin{vmatrix} a_1 & b_1 \\ a_2 & b_2 \end{vmatrix}$,

则 $\begin{cases} x=\dfrac{D_x}{D}, \\ y=\dfrac{D_y}{D}. \end{cases}$

$\begin{vmatrix} a & b \\ c & d \end{vmatrix}$ 称为**二阶行列式**.

例 A.1 展开下列行列式并化简:

(1) $\begin{vmatrix} 2 & 3 \\ 5 & 4 \end{vmatrix}$; (2) $\begin{vmatrix} \sin x & \cos x \\ -\cos x & \sin x \end{vmatrix}$.

解 (1) $\begin{vmatrix} 2 & 3 \\ 5 & 4 \end{vmatrix} = 8 - 15 = 7.$

(2) $\begin{vmatrix} \sin x & \cos x \\ -\cos x & \sin x \end{vmatrix} = \sin^2 x + \cos^2 x = 1.$

例 A.2 解线性方程组 $\begin{cases} 11x - 2y + 5 = 0, \\ 3x + 7y + 24 = 0. \end{cases}$

解 $D = \begin{vmatrix} 11 & -2 \\ 3 & 7 \end{vmatrix} = 77 + 6 = 83 \neq 0$, 所以方程组有唯一一组解.

由

$$D_x = \begin{vmatrix} -5 & -2 \\ -24 & 7 \end{vmatrix} = -35 - 48 = -83,$$

$$D_y = \begin{vmatrix} 11 & -5 \\ 3 & -24 \end{vmatrix} = -264 - (-15) = -249,$$

得

$$\begin{cases} x = \dfrac{D_x}{D} = \dfrac{-83}{83} = -1, \\ y = \dfrac{D_y}{D} = \dfrac{-249}{83} = -3. \end{cases}$$

那么, 是否可以定义三阶行列式并得到三元线性 (一次) 方程组的解的类似结果呢? 让我们继续看下一节, 你会惊奇地发现, 记号的引进不仅带来了技术上的方便, 还使更多的规律展现出来. 数学就是这样和谐而有力量!

A.2 三阶行列式和三元线性方程组

A.2.1 三阶行列式的定义及其性质

定义 A.1

$$\begin{vmatrix} a_1 & a_2 & a_3 \\ b_1 & b_2 & b_3 \\ c_1 & c_2 & c_3 \end{vmatrix} = a_1b_2c_3+a_2b_3c_1+a_3b_1c_2-a_3b_2c_1-a_2b_1c_3-a_1b_3c_2$$

称为**三阶行列式**.

按照三阶行列式的定义, 很容易得出以下性质:

性质 A.1 设 $D=\begin{vmatrix} a_1 & a_2 & a_3 \\ b_1 & b_2 & b_3 \\ c_1 & c_2 & c_3 \end{vmatrix}$, 称 $D'=\begin{vmatrix} a_1 & b_1 & c_1 \\ a_2 & b_2 & c_2 \\ a_3 & b_2 & c_3 \end{vmatrix}$ 为 D 的转置行列式, 行列式与其转置行列式相等.

性质 A.2 行列式交换两行或两列行列式值改变符号.

推论 A.1 行列式两行或两列相同, 行列式值为 0.

性质 A.3 $\begin{vmatrix} a_1 & a_2 & a_3 \\ kb_1 & kb_2 & kb_3 \\ c_1 & c_2 & c_3 \end{vmatrix} = k\begin{vmatrix} a_1 & a_2 & a_3 \\ b_1 & b_2 & b_3 \\ c_1 & c_2 & c_3 \end{vmatrix}$.

推论 A.2 一个行列式中某一行或列的所有元素的公因子可以提到行列式外.

推论 A.3 如果一个行列式中有一行或列的元素

全部是 0, 那么行列式的值为 0.

推论 A.4 如果一个行列式有两行或列的对应元素成比例, 那么这个行列式的值为 0.

性质 A.4

$$\begin{vmatrix} a_1 & a_2 & a_3 \\ b_1+d_1 & b_2+d_2 & b_3+d_3 \\ c_1 & c_2 & c_3 \end{vmatrix} = \begin{vmatrix} a_1 & a_2 & a_3 \\ b_1 & b_2 & b_3 \\ c_1 & c_2 & c_3 \end{vmatrix} + \begin{vmatrix} a_1 & a_2 & a_3 \\ d_1 & d_2 & d_3 \\ c_1 & c_2 & c_3 \end{vmatrix}.$$

性质 A.5 把行列式的某一行或列的元素乘以同一数后加到另一行或列的对应元素上, 行列式值不变.

定义 A.2 设 $D = \begin{vmatrix} a_{11} & a_{12} & a_{13} \\ a_{21} & a_{22} & a_{23} \\ a_{31} & a_{32} & a_{33} \end{vmatrix}$ 是行列式, 将某一元素所在的行与列的元素划去, 剩下的元素在原来的位置上构成一个二阶行列式, 称为这个元素的**余子式**, 比如, a_{11} 的余子式为 $\begin{vmatrix} a_{22} & a_{23} \\ a_{32} & a_{33} \end{vmatrix}$, a_{22} 的余子式为 $\begin{vmatrix} a_{11} & a_{13} \\ a_{31} & a_{33} \end{vmatrix}$. 在 a_{ij} 的余子式之前加上 $(-1)^{i+j}$, 称为 a_{ij} 的**代数余子式**,

记为 A_{ij}. 即 a_{11} 的代数余子式 A_{11} 为 $(-1)^{1+1}\begin{vmatrix} a_{22} & a_{23} \\ a_{32} & a_{33} \end{vmatrix}$,

a_{12} 的代数余子式 A_{12} 为 $(-1)^{1+2}\begin{vmatrix} a_{21} & a_{23} \\ a_{31} & a_{33} \end{vmatrix}$.

性质 A.6 设 $D=\begin{vmatrix} a_{11} & a_{12} & a_{13} \\ a_{21} & a_{22} & a_{23} \\ a_{31} & a_{32} & a_{33} \end{vmatrix}$, 则

$$D=a_{i1}A_{i1}+a_{i2}A_{i2}+a_{i3}A_{i3}, \quad i=1,2,3,$$

$$D=a_{1j}A_{1j}+a_{2j}A_{2j}+a_{3j}A_{3j}, \quad j=1,2,3.$$

特别地,

$$a_{i1}A_{j1}+a_{i2}A_{j2}+a_{i3}A_{j3}=\begin{cases} D, & i=j, \\ 0, & i\neq j, \end{cases}$$

$$a_{1i}A_{1j}+a_{2i}A_{2j}+a_{3i}A_{3j}=\begin{cases} D, & i=j, \\ 0, & i\neq j. \end{cases}$$

A.2.2 三元线性方程组

形如

$$\begin{cases} a_{11}x + a_{12}y + a_{13}z = b_1, \\ a_{21}x + a_{22}y + a_{23}z = b_2, \\ a_{31}x + a_{32}y + a_{33}z = b_3 \end{cases} \tag{A.2}$$

的方程组称为**三元线性方程组**.

由行列式的性质,可以通过简单的消元法得到三元线性方程组 (A.2) 的解.

令

$$D = \begin{vmatrix} a_{11} & a_{12} & a_{13} \\ a_{21} & a_{22} & a_{23} \\ a_{31} & a_{32} & a_{33} \end{vmatrix}, \quad D_x = \begin{vmatrix} b_1 & a_{12} & a_{13} \\ b_2 & a_{22} & a_{23} \\ b_3 & a_{32} & a_{33} \end{vmatrix},$$

$$D_y = \begin{vmatrix} a_{11} & b_1 & a_{13} \\ a_{21} & b_2 & a_{23} \\ a_{31} & b_3 & a_{33} \end{vmatrix}, \quad D_z = \begin{vmatrix} a_{11} & a_{12} & b_1 \\ a_{21} & a_{22} & b_2 \\ a_{31} & a_{32} & b_3 \end{vmatrix}.$$

在 $a_{11}x + a_{12}y + a_{13}z = b_1$ 的两端同时乘以 A_{11}, 得

$$A_{11}a_{11}x + A_{11}a_{12}y + A_{11}a_{13}z = A_{11}b_1. \tag{A.3}$$

在 $a_{21}x+a_{22}y+a_{23}z=b_2$ 的两端同时乘以 A_{21}, 得

$$A_{21}a_{21}x+A_{21}a_{22}y+A_{21}a_{23}z=A_{21}b_2. \tag{A.4}$$

在 $a_{21}x+a_{22}y+a_{23}z=b_2$ 的两端同时乘以 A_{21}, 得

$$A_{31}a_{31}x+A_{31}a_{32}y+A_{31}a_{33}z=A_{31}b_3. \tag{A.5}$$

(A.3)+(A.4)+(A.5), 得

$$\begin{aligned}&(A_{11}a_{11}+A_{21}a_{21}+A_{31}a_{31})x\\&+(A_{11}a_{12}+A_{21}a_{22}+A_{31}a_{32})y\\&+(A_{11}a_{13}+A_{21}a_{23}+A_{31}a_{33})z\\=&A_{11}b_1+A_{21}b_2+A_{31}b_3.\end{aligned}$$

由行列式性质 A.6, 得

$$\begin{aligned}A_{11}a_{11}+A_{21}a_{21}+A_{31}a_{31}&=D,\\A_{11}a_{12}+A_{21}a_{22}+A_{31}a_{32}&=0,\\A_{11}a_{13}+A_{21}a_{23}+A_{31}a_{33}&=0,\end{aligned}$$

而

$$A_{11}b_1+A_{21}b_2+A_{31}b_3=\begin{vmatrix}b_1 & a_{12} & a_{13}\\ b_2 & a_{22} & a_{23}\\ b_3 & a_{32} & a_{33}\end{vmatrix}=D_x,$$

则当 $D \neq 0$ 时, $x = \dfrac{D_x}{D}$. 同理, 可得 $D \neq 0$ 时, $y = \dfrac{D_y}{D}$, $z = \dfrac{D_z}{D}$.

练习 A.1 形如

$$\begin{cases} a_{11}x + a_{12}y + a_{13}z = 0, \\ a_{21}x + a_{22}y + a_{23}z = 0, \\ a_{31}x + a_{32}y + a_{33}z = 0 \end{cases} \tag{A.6}$$

的方程组称为三元齐次线性方程组. 试证明: (A.6) 有非零解的充分必要条件是 $D = 0$.

练习 A.2 在直角坐标系中, 已知 $\triangle ABC$ 的三个定点的坐标分别为 $A(x_1, y_1), B(x_2, y_2), C(x_3, y_3)$, 证明:

$$S_{\triangle ABC} = \frac{1}{2}\left\| \begin{vmatrix} x_1 & y_1 & 1 \\ x_2 & y_2 & 1 \\ x_3 & y_3 & 1 \end{vmatrix} \right\|.$$

A.3 矩阵及其运算

定义 A.3 mn 个实数按照矩形的方式排列的 m 行 n 列:

$$A = \begin{pmatrix} a_{11} & a_{12} & \cdots & a_{1n} \\ a_{21} & a_{22} & \cdots & a_{2n} \\ \vdots & \vdots & & \vdots \\ a_{m1} & a_{m2} & \cdots & a_{mn} \end{pmatrix}$$

称为一个(实数域上的) $\boldsymbol{m \times n}$ **矩阵**, 记为 (a_{ij}) 或 $(a_{ij})_{mn}$. 每一个位置上的数称为这个矩阵的元素, 元素全为 0 的矩阵称为**零矩阵**. $m = n$ 时的矩阵又称为 $\boldsymbol{n}$ **阶方阵**.

将矩阵 $m \times n$ 矩阵 $\boldsymbol{A} = (a_{ij})_{mn}$ 的行列互换, 得到 $n \times m$ 矩阵 $\boldsymbol{A}^{\mathrm{T}} = \begin{pmatrix} a_{11} & a_{21} & \cdots & a_{m1} \\ a_{12} & a_{22} & \cdots & a_{m2} \\ \vdots & \vdots & & \vdots \\ a_{1n} & a_{2n} & \cdots & a_{mn} \end{pmatrix}$, 称为 $\boldsymbol{A}$ 的**转置矩阵**.

定义任意两个 $m \times n$ 矩阵 $\boldsymbol{A} = (a_{ij})_{mn}$, $\boldsymbol{B} = (b_{ij})_{mn}$ 的**和矩阵**指的是矩阵 $(a_{ij} + b_{ij})_{mn}$, 即其对应位置上的元素相加, 这称为**矩阵的加法**, 记为 $\boldsymbol{A} + \boldsymbol{B}$.

设 k 是一个实数, k 与 $\boldsymbol{A}$ 的**数乘矩阵**指的是矩阵

$(ka_{ij})_{mn}$, 这称为**矩阵的数乘**, 记为 $k\boldsymbol{A}$.

设 $m\times n$ 矩阵 $\boldsymbol{A}=(a_{ij})_{mn}$, $n\times s$ 矩阵 $\boldsymbol{B}=(b_{ij})_{ns}$, $\boldsymbol{A}$ 与 $\boldsymbol{B}$ 的**乘积矩阵**指的是 $(c_{ij})_{ms}$, 其中 $c_{ij}=a_{i1}b_{1j}+a_{i2}b_{2j}+\cdots+a_{in}b_{nj}$, $1\leqslant i\leqslant m$, $1\leqslant j\leqslant s$, 这称为矩阵的**乘法**, 记为 $\boldsymbol{AB}$.

容易证明, $m\times n$ 矩阵的加法满足结合律、交换律, 每一个矩阵 $\boldsymbol{A}=(a_{ij})_{mn}$ 都存在一个**负矩阵**$-\boldsymbol{A}=(-a_{ij})_{mn}$, 使其和为零矩阵.

$m\times n$ 矩阵的数乘对加法有分配律, 即 $k(\boldsymbol{A}+\boldsymbol{B})=k\boldsymbol{A}+k\boldsymbol{B}$.

矩阵的乘法运算比较复杂一些, 可以证明其满足结合律, 即 $(\boldsymbol{AB})\boldsymbol{C}=\boldsymbol{A}(\boldsymbol{BC})$, 但显然是不满足交换律的, 即便对方阵也是这样. 例如,

$$\begin{pmatrix}1&2\\3&4\end{pmatrix}\begin{pmatrix}1&0\\-1&1\end{pmatrix}=\begin{pmatrix}-1&2\\-1&4\end{pmatrix},$$

$$\begin{pmatrix}1&0\\-1&1\end{pmatrix}\begin{pmatrix}1&2\\3&4\end{pmatrix}=\begin{pmatrix}1&2\\2&2\end{pmatrix}.$$

三阶方阵 $\boldsymbol{A}=\begin{pmatrix}a_{11}&a_{12}&a_{13}\\a_{21}&a_{22}&a_{23}\\a_{31}&a_{32}&a_{33}\end{pmatrix}$ 的行列式指的是三阶行列式 $\begin{vmatrix}a_{11}&a_{12}&a_{13}\\a_{21}&a_{22}&a_{23}\\a_{31}&a_{32}&a_{33}\end{vmatrix}$，记为 $|\boldsymbol{A}|$. 如果 $|\boldsymbol{A}|\neq 0$, 则称 $\boldsymbol{A}$ 是**非奇异矩阵**(或者**非退化矩阵**、**可逆矩阵**). $\boldsymbol{A}$ 的各位置上元素的代数余子式转置后构成的矩阵$\boldsymbol{A}^*=\begin{pmatrix}A_{11}&A_{21}&A_{31}\\A_{12}&A_{22}&A_{32}\\A_{13}&A_{23}&A_{33}\end{pmatrix}$，称为 $\boldsymbol{A}$ 的**伴随矩阵**, 由矩阵的乘法运算及行列式的性质 A.6, 容易知道,

$$\boldsymbol{A}\boldsymbol{A}^*=\begin{pmatrix}|\boldsymbol{A}|&0&0\\0&|\boldsymbol{A}|&0\\0&0&|\boldsymbol{A}|\end{pmatrix}=|\boldsymbol{A}|\begin{pmatrix}1&0&0\\0&1&0\\0&0&1\end{pmatrix}.$$

特别地, 如果 $\boldsymbol{A}$ 是非奇异矩阵, 则 $|\boldsymbol{A}| \neq 0$, 于是若令 $\boldsymbol{A}^{-1} = \dfrac{\boldsymbol{A}^*}{|\boldsymbol{A}|}$, 有 $\boldsymbol{A}\boldsymbol{A}^{-1} = \begin{pmatrix} 1 & 0 & 0 \\ 0 & 1 & 0 \\ 0 & 0 & 1 \end{pmatrix}$, $\boldsymbol{A}^{-1}$ 称为 $\boldsymbol{A}$ 的**逆矩阵**. $\boldsymbol{I} = \begin{pmatrix} 1 & 0 & 0 \\ 0 & 1 & 0 \\ 0 & 0 & 1 \end{pmatrix}$ 称为**单位矩阵**, 显然, 对于任意三阶矩阵 $\boldsymbol{A}$, $\boldsymbol{AI} = \boldsymbol{IA} = \boldsymbol{A}$.

利用矩阵及其运算, 可以很方便地将三元线性方程组 (A.2) 表示为

$$\begin{pmatrix} a_{11} & a_{12} & a_{13} \\ a_{21} & a_{22} & a_{23} \\ a_{31} & a_{32} & a_{33} \end{pmatrix} \begin{pmatrix} x_1 \\ x_2 \\ x_3 \end{pmatrix} = \begin{pmatrix} b_1 \\ b_2 \\ b_3 \end{pmatrix}.$$

若令 $\boldsymbol{A} = \begin{pmatrix} a_{11} & a_{12} & a_{13} \\ a_{21} & a_{22} & a_{23} \\ a_{31} & a_{32} & a_{33} \end{pmatrix}$, $\boldsymbol{X} = \begin{pmatrix} x_1 \\ x_2 \\ x_3 \end{pmatrix}$, $\boldsymbol{B} = \begin{pmatrix} b_1 \\ b_2 \\ b_3 \end{pmatrix}$,

则 $\boldsymbol{AX}=\boldsymbol{B}$.

如果 $\boldsymbol{A}$ 是非奇异矩阵, 则可令 $\boldsymbol{A}$ 的逆矩阵为 $\boldsymbol{A}^{-1}$, 于是, 在 $\boldsymbol{AX}=\boldsymbol{B}$ 两端左乘 $\boldsymbol{A}^{-1}$ 得 $\boldsymbol{A}^{-1}(\boldsymbol{AX})=\boldsymbol{A}^{-1}\boldsymbol{B}$, $(\boldsymbol{A}^{-1}\boldsymbol{A})\boldsymbol{X}=\boldsymbol{A}^{-1}\boldsymbol{B}$, $\boldsymbol{X}=\boldsymbol{A}^{-1}\boldsymbol{B}$.